新一代信息技术产教融合共同体系列教材
湖南省通信职业教育教学指导委员会推荐教材

智能移动终端技术与维修

主 编 蔡卫红 何 亮

参 编 谭 毅 文杰斌 郭 纯

吕宏悦 谢 宇

西安电子科技大学出版社

内容简介

　　本书以智能移动终端生产、销售、维修所需掌握的基本知识、技能为基础,分为三个部分,即基础知识——认识终端篇、知识进阶——终端电路原理篇、实战——终端操作篇。全书共 7 章,由浅入深、循序渐进地对智能移动终端技术与维修进行了全面系统的阐述。主要内容涉及移动终端的发展、手机卡与存储器、移动终端的基本单元电路、逻辑 / 音频电路与 I/O 接口、手机电源电路、移动终端接收机及发射机射频电路结构的分类;智能手机的概念、特点、发展历程、分类、组成、参数、操作系统;手机电源电路及充电电路原理、接收和频率合成电路原理、发射电路原理、显示电路原理、卡电路原理及其他电路原理;智能手机逻辑电路原理、触摸屏及 OCA 技术、智能手机互联;智能手机刷机及资料恢复、解锁、元器件识别、检测与焊接、识图、拆机;智能手机硬件电路故障诊断与维修及常见维修设备的使用等。

　　本书可作为高等职业院校及中职学校电子、通信类专业的教材,也可作为教师、工程技术人员和相关培训机构的参考用书,还可作为对智能终端维修感兴趣者的自学用书。

图书在版编目 (CIP) 数据

智能移动终端技术与维修 / 蔡卫红,何亮主编 . -- 西安:西安电子科技大学出版社 , 2025. 4. -- ISBN 978-7-5606-7569-5

Ⅰ . TN87

中国国家版本馆 CIP 数据核字第 20258BT726 号

策　　划	明政珠　杨丕勇		
责任编辑	明政珠		
出版发行	西安电子科技大学出版社 (西安市太白南路 2 号)		
电　　话	(029) 88202421　88201467	邮　　编	710071
网　　址	www.xduph.com	电子邮箱	xdupfxb001@163.com
经　　销	新华书店		
印刷单位	咸阳华盛印务有限责任公司		
版　　次	2025 年 4 月第 1 版	2025 年 4 月第 1 次印刷	
开　　本	787 毫米 × 1092 毫米　1/16	印　　张	12.5
字　　数	283 千字		
定　　价	48.00 元		

ISBN 978-7-5606-7569-5

XDUP 7870001-1

*** 如有印装问题可调换 ***

前　言

随着科技的迅猛发展，智能移动终端已成为人们生活中不可或缺的一部分。从最初的简单通信工具到如今的多功能智能设备，智能移动终端在短短几十年间经历了翻天覆地的变化。与此同时，智能移动终端的维修与保养技术也不断更新，以适应快速发展的技术潮流。为了满足高职、中职学生学习智能移动终端维修知识的需求，我们编写了本教材。

在过去的几十年里，移动终端经历了从模拟时代到数字时代的转变，再到如今的智能化、网络化阶段。在这一过程中，不仅技术日新月异，产品更新换代也异常迅速。然而，随着产品的复杂化、多样化，智能移动终端的维修与保养也面临着前所未有的挑战。因此，编写一本系统全面、实用性强、与时俱进的智能移动终端维修教材，对于提高学生的维修技能、保障设备正常运行、推动智能移动终端产业的健康发展具有重要意义。

本教材旨在通过系统的理论介绍和丰富的实践案例，使学生全面掌握智能移动终端的基本结构、工作原理、故障诊断与维修等方面的知识。同时，本教材还注重理论与实践相结合，通过案例分析、实践操作等方式，提高学生的实际操作能力。此外，本教材还紧跟行业发展趋势，确保学生能够学到最新、最实用的技术知识。

本教材共分为以下三个部分：

第一部分，基础知识——认识终端篇。本篇详细阐述了移动终端的发展，手机卡与存储器，移动终端的基本单元电路，逻辑/音频电路与I/O接口，手机电源电路，移动终端接收机及发射机射频电路结构的分类，智能手机的概念、特点及发展历程，智能手机的分类、组成及参数，智能手机的操作系统。

第二部分，知识进阶——终端电路原理篇。本篇详细阐述了手机电源电路及充电电路原理、接收和频率合成电路原理、发射电路原理、显示电路、原理、卡电路原理、其他电路原理、智能手机逻辑电路原理、智能手机触摸屏原理与OCA技术、智能手机互联等。

第三部分，实战——终端操作篇。本篇详细阐述了智能手机刷机及资料恢复，智能手机解锁，智能手机元器件的识别、检测与焊接，智能手机识图，智能手机拆机，射频信号类、供电类、逻辑类、显示触控类及照相类、音频类、接口类等故障的诊断与维修，以及智能手机常见维修设备的使用。

本教材具有以下特点：

(1) 内容全面、系统性强。本教材涵盖了智能移动终端技术的各个方面，能够满足学生学习新知识、新技能的需求。

(2) 实践性强、案例丰富。本教材注重理论与实践相结合，通过丰富的实践案例和案例分析，提高学生的实际操作能力，同时提供了大量的实践操作项目，可使学生更好地掌握相关技能。

(3) 图文并茂、易于理解。本教材采用图文并茂的编写方式，使内容更加直观、易于理解，可帮助学生更好地理解和掌握相关知识。

(4) 紧跟时代、与时俱进。本教材在编写过程中，注重跟踪最新的技术动态和市场变化，确保学生能够学到最新、最实用的技术知识。

本教材由湖南邮电职业技术学院蔡卫红、何亮担任主编，湖南邮电职业技术学院谭毅、文杰斌、郭纯、吕宏悦和华为终端有限公司湖南分公司谢宇参与了本教材的编写。第1、2章由蔡卫红、何亮、吕宏悦负责编写，第3、4章由何亮、文杰斌、郭纯负责编写，第5、6、7章由蔡卫红、谢宇、谭毅负责编写。全书由蔡卫红、何亮统稿，蔡卫红、谢宇审阅了全书。

本教材在整体构思和编写过程中，得到了湖南邮电职业技术学院领导和众多老师的指导和帮助，也得到了华为终端有限公司湖南分公司相关专家的大力支持，他们提出了许多宝贵意见，特此致谢。编写中参考了一些国内外学者的著作和文献，在此也对相关作者表示衷心的感谢。

由于编者水平有限，书中难免有不足之处，敬请读者和专家指正，以便进一步补充和修正。

编者

2024 年 12 月

目 录 ||||||

第一部分

基础知识——认识终端篇

第1章 / 认识移动终端

本章描述

    移动终端经历了从 1G 模拟终端到 2G、3G、4G、5G 数字终端的演变。为区分移动用户，国内数字移动终端通常都需插入一张手机卡才可进行语音 / 数据通信。移动终端主板 CPU 通过与各存储器的协作来控制整个终端系统的正常运行，并协调与各输入 / 输出接口的信号出入，通过射频收 / 发电路信号处理保证了移动终端与移动基站间无线信号的正常传输。

本章目标

(1) 掌握移动终端的发展历程和各代移动终端的优缺点；

(2) 掌握移动终端卡的管脚排列、功能和卡中数据、密码情况及应用；

(3) 掌握移动终端主板中存储器的分类、作用及应用；

(4) 掌握移动终端基本单元电路的类型、工作原理、作用及应用；

(5) 掌握移动终端逻辑 / 音频电路、I/O 接口的结构组成及原理；

(6) 掌握移动终端电源供电原理和开机维持供电过程及应用；

(7) 掌握移动终端接收机及发射机射频电路结构的分类及应用；

(8) 激发学生对国产品牌的支持，培养学生的爱国情怀和对国产手机的自豪感。

本章重点

(1) 移动终端卡的管脚排列、功能和卡中数据、密码情况及应用；

(2) 移动终端基本单元电路的原理、作用及应用；

(3) 移动终端电源供电原理和开机维持供电过程及应用；

(4) 移动终端接收机及发射机射频电路结构的分类及应用。

1.1　移动终端的发展

本 节 导 入

　　近 20 年，移动通信的发展极为迅速，移动终端从发展初期的车载终端演变成手持终端，从最开始的只能打电话的模拟终端发展到现在的既能打电话又能上网还能无线远程控制的数字终端。移动终端以其携带方便、功能齐全而风靡全球。那么，到目前为止，历史上我国移动终端经过了哪几代发展呢？

1.1.1　模拟手机

　　模拟手机泛指采用第一代移动通信技术的终端设备。第一代移动通信俗称"本地通"，我国在 20 世纪 90 年代初新建的模拟移动通信系统采用 TACS 制式、频分多址 (FDMA) 方式。由于模拟网的通信容量小、通话业务少，到 2001 年 6 月模拟手机被淘汰出局，第一代移动通信在全国范围内停用。

　　模拟手机的主要缺点包括 3 个方面：① 保密性差。与数字通信相比，模拟移动通信的保密性能较差，容易被并机、盗打，通信内容也容易被窃听。② 业务受限。模拟移动通信只能实现话音业务，无法提供丰富多彩的增值业务，如短信、彩信、互联网接入等，限制了用户的使用体验。③ 网络覆盖范围小且漫游功能差。相比数字通信，模拟移动通信的网络覆盖范围较小，且在不同网络之间的漫游功能较差，给用户在跨地区通信时带来不便。

　　此外，模拟手机还存在以下 3 个缺点：① 电池寿命短。由于模拟手机需要更多的功率来维持通信，因此电池寿命相对较短，需要频繁充电。② 通话质量不稳定。受到外界干扰或网络信号不稳定的影响，模拟手机的通话质量不稳定，易出现杂音、断线等问题。③ 设备体积大且重。早期的模拟手机由于技术限制，设备体积较大且重，不便于携带和使用。

1.1.2　数字手机

　　数字手机从最初的 2G 终端，发展到 3G 终端、4G 终端，直到现在的 5G 终端。

1. 2G 手机

2G 手机是在 1G 手机基础上进行了改进和创新的移动通信设备。它具有更小巧的外形、更好的通信质量和更多的功能。与 1G 手机相比，2G 手机不再是简单的通信工具，而是开始融入更多的娱乐和实用功能，如阅读小说、玩电子宠物等。

2G 手机泛指采用第二代移动通信技术的终端设备。第二代移动通信手机，俗称"全球通"。我国有 GSM、CDMA 两种制式手机。

GSM 手机采用时分多址 (TDMA) 方式。后来，为了市场的需要，在 GSM 的基础上又开通了 GPRS。GPRS(General Packet Radio Service，通用分组无线业务) 能提供比现有 GSM 网 9.6 kb/s 更高的数据速率。GPRS 采用与 GSM 相同的频段、频带宽度、突发结构、无线调制标准、跳频规则以及 TDMA 帧结构。现有的 GSM 手机，不能直接在 GPRS 中使用，需要按 GPRS 标准进行改造 (包括硬件和软件) 才可以用于 GPRS 系统。

CDMA 手机采用码分多址 (CDMA) 方式，其核心技术以 IS-95 为标准，是增强型 IS-95。CDMA 和 GPRS 实际上是很难分出高低的，各有各的优缺点。

数字手机可以上网，具有保密性和抗干扰性强、音质清晰、通话稳定、容量大、频率资源利用率高、接口开放、功能强大等优点。这使得第二代移动通信手机在通信质量和稳定性上有了显著的提升。

2. 3G 手机

3G 手机，即采用第三代移动通信技术的手机。第三代移动通信手机主要采用 WCDMA、CDMA2000、TD-SCDMA 技术，具有以下几个特点：

(1) 不仅能传送语音信号，也为传递图像信号奠定了基础。

(2) 手机中可加装微型摄像头，可实时拍摄景物，使可视通信成为可能，可随意拨打可视电话。

(3) 由于通频带拓宽，通过无线电网络技术能轻松地上网，能浏览网页、收发电子邮件、下载网上文件和图片，能实现多媒体通信，因此，具有"掌上电脑"之称。

(4) 手机与商务通浑然一体，能以手写体录入文字。

第三代移动通信手机是集通信、娱乐、记事簿、信用卡、身份证等于一体的多功能个人处理设备。第三代移动通信终端的实现需要一系列新技术、新思想，这给我国手机生产厂家带来了无限的商机。

3. 4G 手机

第四代移动通信手机，简称 4G 手机，是指采用第四代移动通信技术的智能手机。

第四代移动通信技术主要分为 TD-LTE 和 FDD-LTE 两大类。TD-LTE(Time Division Long Term Evolution，分时长期演进)，是由阿尔卡特朗讯、诺基亚西门子、大唐电信、华为技术、中兴通讯、中国移动等共同开发的第四代移动通信技术与标准。简单来说，TD-LTE 是由我国倡议并主导的 4G 方案。FDD-LTE 则是另一种 4G 标准，它在全球范围内被广泛采用，终端种类丰富。截至 2013 年，全球共有 285 个运营商在超过 93 个国家部署了 FDD 4G 网络。这两种方案都是 4G 的重要组成部分，它们各自具有独特的技术特点和应用优势，共同推动着 4G 的发展和应用。无论是 TD-LTE 还是 FDD-LTE，在提高数据传输速度、优化网络覆盖、降低通信时延等方面都作出了显著贡献，从而为用户提供了更加优质、高效的通信服务。第四代移动通信技术在理论上能够实现 100 Mb/s 的下载速度，相较于之前的移动通信技术，其传输速度有了质的飞跃。这使得 4G 手机在下载应用、浏览网页、观看视频等方面都能提供更为流畅和快速的体验。

除了速度上的提升，4G 手机还具有更多的功能和应用。它支持高质量的视频通话和会议，使得用户能够享受更为真实的通信体验。同时，4G 手机还可以实现高速移动上网，无论用户身处何地，都能随时随地接入互联网，获取所需的信息和服务。

此外，4G 手机还具备高度的兼容性，能够与其他无线通信方式进行融合，为用户提供更多的选择和便利。无论是室内网络、蜂窝信号还是卫星通信，4G 手机都能实现无缝切换和连接，确保用户始终能够保持通信的畅通。

市场上各大手机品牌都推出了多款 4G 手机，以满足不同用户的需求。这些手机不仅拥有出色的性能和设计，还具备丰富的功能，使得用户能够享受到更为便捷和智能的移动通信体验。

总的来说，4G 手机以其高速的网络传输、丰富的功能和广泛的应用领域，为用户提供了更加便捷、高效和智能的移动通信体验。随着技术的不断进步和应用的不断扩展，相信 4G 手机将会在未来继续发挥更大的作用，为人们的生活带来更多的便利和乐趣。

4. 5G 手机

5G 手机是指采用第五代移动通信技术的智能手机。相较于 4G 手机，5G 手机具有更快的传输速度、更低的时延，以及通过网络切片技术实现的更精准的定位。

在硬件配置上，5G 手机具有一些关键特征，如支持高功率终端、双天线发射、多模多频段，以及支持 NSA(非独立组网) 和 SA(独立组网) 两种 5G 组网方式。其中，双天线发射技术可以提升上行覆盖和上行峰值速率；多模多频段则意味着 5G 手机可以兼容 2G、3G、4G 等多种网络模式，确保在各种网络环境下都能顺畅通信。

目前，市面上已经有多款 5G 手机可供选择，如华为、小米、荣耀、OPPO、vivo、三星等品牌的 5G 智能手机。这些手机在性能、功能、价格等方面都有所不同，消费者可以根据自己的需求和预算进行选择。

除了硬件配置和品牌选择外，消费者在购买 5G 手机时还需要考虑网络覆盖和套餐费用等因素。由于 5G 网络仍在不断建设和优化中，因此不同地区的网络覆盖情况有所不同。此外，5G 套餐的费用也相对较高，需要消费者根据自己的通信需求和经济状况进行权衡。

总的来说，5G 手机作为新一代移动通信技术的代表，已经在市场上得到了广泛应用。随着 5G 网络的不断发展和完善，相信未来 5G 手机将会带来更加丰富的应用场景和更加优质的通信体验。

1.2 手机卡与存储器

本节导入

手机用户在"入网"时会得到一张手机卡——SIM 卡或 UIM 卡，是"用户识别模块"的意思。想知道手机卡中有些什么吗？

移动终端可以说是一个可通话的计算机系统，有显示、按键、送话、受话、铃声以及无线接口等输入 / 输出接口。除中央处理器 (CPU) 外，运行程序、处理数据、存储数据都需要存储器。没有存储器，系统就无法工作。移动终端存储器从读、写功能上可分为 RAM(Random Access Memory，随机存储器)、EEPROM(Electrically Erasable Programmable Read-Only Memory，电可擦可编程只读存储器)、FLASHROM(闪速只读存储器) 等几种不同类型。那么，这几种存储器有何特点及作用呢？

1.2.1 手机卡及卡槽

1. SIM 卡中内容

SIM 卡内部保存的数据可以归纳为以下四种类型。

(1) 由 SIM 卡生产商存入的系统原始数据，如生产厂商代码、生产串号、SIM 卡资源配置数据等基本参数。

(2) 由 GSM 网络运营商写入的 SIM 卡所属网络及与用户有关的、被存储在用户这一方的网络参数和用户数据等，具体包括以下内容。

① 鉴权和加密信息 Ki(Kc 算法输入参数之一：密钥号)；

② 国际移动用户号 (IMSI)；

③ A3：IMSI 认证算法；

④ A5：加密序列生成算法；

⑤ A8：密钥 (Kc) 生成前，用户密钥 (Kc) 生成算法；

⑥ 移动电话用户号码、呼叫限制信息等。

(3) 由用户自己存入的数据，如缩位拨号信息、电话号码簿、移动电话通信状态设置等。

(4) 用户在使用 SIM 卡过程中自动存入及更新的网络接续和用户信息，如临时移动台识别码 (TMSI)、区域识别码 (LAI)、密钥 (Kc) 等。

上面第一类数据属于永久数据，第二类数据只有 GSM 网络运营商才能查阅和更新。SIM 卡外形如图 1-1 所示。

图 l-1　SIM 卡外形

个人识别码 (PIN) 是 SIM 卡内部的一个存储单元，PIN 密码锁定的是 SIM 卡。若开启 PIN 密码，则该卡放入任何移动电话中，每次开机均要求输入 PIN 密码，密码正确后才可进入移动网络。若错误地输入 PIN 密码 3 次，则会导致"锁卡"现象，此时只要在移动电话上输入一串阿拉伯数字 (PUK 码，即帕克码)，就可以解锁。但是，用户一般不知道 PUK 码。需要注意的是，如果尝试输入 10 次仍未解锁，就会"烧卡"，必须买张新卡了。设置 PIN 可防止 SIM 卡未经授权而使用。

2. SIM 卡构造

SIM 卡是带有微处理器的芯片，包括微处理器、程序存储器、工作存储器、数据存储器和串行通信单元五个模块，每个模块对应一个功能。SIM 卡最少有五个端口，分别为电源、时钟、数据、复位、接地。SIM 卡触点端口如图 1-2 所示，图 1-3 为移动电话中 SIM 卡座。

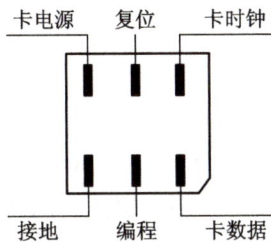

图 1-2　SIM 卡触点端口

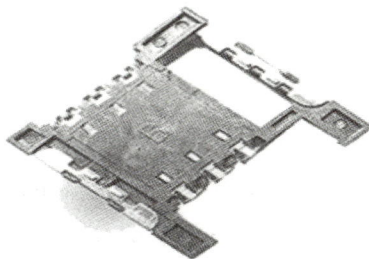

图 1-3　移动电话中 SIM 卡座

3. UIM 卡

机卡分离式 CDMA 手机，"入网"时需要配置 UIM 卡 (机卡一体式手机无须配置)。UIM 卡的功能、外形与 SIM 卡相似，同样有电源、时钟、数据、复位、接地五个端口，只是各个触点的具体位置排列与 SIM 卡略有差异。

相应地，CDMA 手机中必须有一个 UIM 卡电路，以给 UIM 卡提供电源、时钟、数据、复位等端口功能。

4. 双卡槽结构

手机双卡槽是指手机设备内部设计有两个卡槽，允许用户同时插入两张手机卡，如图 1-4 所示。这种设计常见于双卡双待手机，为用户提供了更多的通信便利和灵活性。

图 1-4　双卡槽

手机双卡槽的优势如下：

(1) 双卡双待。双卡槽手机可以同时使用两张卡，并且都处于待机状态。这意味着用户可以接收来自两张卡的来电和短信，无须切换或关闭其中一张卡。

(2) 多运营商支持。用户可以根据需要或优惠活动，选择不同运营商的卡。

(3) 工作与个人分离。用户可以将一张卡用于工作，另一张卡用于个人通信，从而更好地管理工作和生活。

(4) 备份与应急。当一张卡出现问题或信号不佳时，另一张卡可以作为备用。

1.2.2　存储器电路

存储器的作用相当于"仓库"，用来存放手机中的各种程序和数据。所谓程序，就是根据要解决问题的要求，应用指令系统中包含的指令，编成一组有次序的指令集合。所谓数据，就是手机工作过程中的信息、变量、参数、表格等，如键盘反馈回来的信息。

1. 随机存储器 (RAM)

随机存储器 (RAM) 可分为静态随机存储器 (Static Random Access Memory，SRAM) 和动态随机存储器 (Dynamic Random Access Memory，DRAM)。由于动态随机存储器存储单元的结构非常简单，因此它能达到的集成度远高于静态随机存储器。但动态随机存储器的存取速度比静态随机存储器的慢。

随机存储器可读可写，为暂时寄存。随机存储器的作用主要是存储手机运行过程中需暂时保留的信息，如暂时存储各种功能程序运行的中间结果，作为运行程序时的数据缓存区，它存放的数据和资料断电就会消失。

随机存储器最大的特点是存取速度快，断电后数据自动消失。随着手机功能的不断增加，中央处理器系统所运行的软件越来越大，相应的 RAM 容量也越来越大。

手机中常用的存储器是静态随机存储器 (SRAM)，其对数据 (如输入的电话号码、短信息、各种密码等) 或指令 (如驱动振铃器振铃、开始录音、启动游戏等) 的存取速度快，存储精度高。

2. 程序存储器

手机的程序存储器存储着手机工作所必需的各种软件及重要数据，是手机的灵魂所在。手机的程序存储器分为两种：一种是 EEPROM，俗称码片；另一种是 FLASHROM，俗称字库或版本。

1) 电可擦可编程只读存储器 (EEPROM)

大多数手机维修人员将手机中的 EEPROM 称为"码片"，它以二进制代码的形式储存手机的资料。EEPROM 的主要特点是能在线修改存储器内的数据或程序，并能在断电的情况下保持修改结果。不同类型的手机 EEPROM 的作用几乎是一样的，主要存放系统参数和一些可修改的数据，如射频校准数据、手机拨出的电话号码、菜单设置、手机解锁码、PIN 码、手机的机身码、机器参数；一些检测程序，如电池检测程序、显示电压检测程序；各种表格，如功率控制 (PC)、数模转换 (DAC)、自动增益控制 (AGC)、自动频率控制 (AFC) 等。

2) 闪速只读存储器 (FLASHROM)

闪速只读存储器 FLASHROM 为程序存储器，主要用于存储工作主程序，即以代码的形式装载话机的基本程序和各种功能程序。FLASHROM 是一种非易失性存储器，当关掉电路的电源后，存储的信息不会丢失。

在手机系统中，有的程序是固定不变的，如自举程序或引导程序，有的程序则可进行升级。FLASHROM 的特点是响应速度和存储速度高于一般的 EEPROM，FLASHROM 的优点是存储容量大，可以整片擦除。就其本质而言，FLASHROM 属于 EEPROM 类型。

(1) FLASHROM 的作用。FLASHROM 在手机中的作用很大，地位非常重要，具体作用包括存储主机主程序、存储字库信息、存储网络信息、存储录音、存储加密信息、存储序列号 (IMEI 码) 等。

(2) FLASHROM 的工作流程。当手机开机时，处理器便传出一个复位信号 RESET 到 FLASHROM，使系统复位。待处理器把字库的读写端、片选端选定后，处理器就可以从 FLASHROM 内取出指令，在处理器中运算、译码、输出各部分协调的工作命令，从而完成各自的功能。

FLASHROM 的软件资料是通过数据交换端和地址交换端与微处理器进行通信的。CE、CS 端为字库片选端，OE 端为读允许端，RESET 端为系统复位端，这四个控制端分别由处理器控制。若 FLASHROM 的地址有误或未选通，则导致手机不能正常工作，通常表现为不开机和显示字符错乱等故障现象。

由于 FLASHROM 中的内容可以被擦除，因此当出现数据丢失时可以用编程器或免拆机维修仪重新写入。和其他元件一样，FLASHROM 本身也可能会损坏 (硬件故障)。如果是硬件出现故障，就要重新更换 FLASHROM。

3. 复合存储器

随着制造技术的发展，手机主板开始使用一些复合存储器 (Combo Memory)，以节约 PCB 空间。比如，三星 E808 手机中的存储器 U302 实际上包含一个 128MB 的 EEPROM、一个 256MB 的 FLASHROM 和一个 64MB 的 SRAM。

1.2.3 国际移动设备识别码 (IMEI 码)

IMEI(International Mobile Equipment Identity) 码，即国际移动设备身份码，是区别移动设备的标识，储存在移动设备中，可用于在移动电话网络中识别每一部独立的手机等移动通信设备，相当于移动电话的身份证。

由 15 位数字组成的国际移动设备识别码 (IMEI 码)，存储在移动电话主板中的电可擦可编程只读存储器 (EEPROM) 中。IMEI 码各部分含义如下。

第 1 ~ 6 位数字 (TAC(6 位))：型号批准号，一般代表机型，由欧洲型号批准中心分配。

第 7 ~ 8 位数字 (FAC(2 位))：厂家装配号，表示生产厂家或最后装配所在地，由厂家进行编码。

第 9 ~ 14 位数字 (SNR(6 位))：生产序号，这个独立序号唯一地识别每个 TAC 和 FAC 中的每个移动设备。

第 15 位数字 (SP(1 位))：检验码，备用，一般为 0。

在移动电话开机的状态下，甚至不需要插卡，从键盘上输入"*#06#"，就会在屏幕上显示移动电话中存储的 IMEI 码。

1.3　移动终端的基本单元电路

本 节 导 入

各种通信设备作为复杂的电子产品，是由一些基本电路或单元电路组成的，手机也不例外。那么，移动终端中的基本单元电路有哪些呢？本节将介绍移动终端的基本单元电路。

1.3.1　移动终端整体架构

在了解移动终端的基本单元电路前，先来了解移动终端整体架构。

虽然移动终端品牌、型号众多，但从电路结构上都可简单地分为射频部分、逻辑 / 音频部分、接口部分和电源部分。移动终端的基本组成框图如图 1-5 所示。

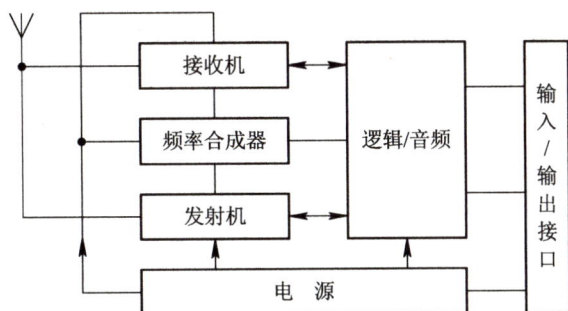

图 1-5　移动终端的基本组成框图

1. 射频部分

射频部分由天线、接收部分、发送部分、调制解调器和振荡器等高频系统组成。

发送部分由射频功率放大器和带通滤波器组成。接收部分由高频滤波器、高频放大器、变频器、中频滤波放大器组成。振荡器完成接收机高频信号的产生，具体由频率合成器控制的压控振荡器实现。

2. 逻辑 / 音频部分

发送通道的处理包括语音编码、信道编码、加密、帧形成等。

接收通道的处理包括信道分离、解密、信道解码和语音解码。

逻辑控制部分对手机进行控制和管理，包括定时控制、数字系统控制、天线系统控制、人机接口控制等。

3. 接口部分

接口部分包括模拟语音接口、数字接口及人机接口三部分。

模拟语音接口包括 A/D 转换、D/A 转换、话筒和耳机。数字接口主要包括数字终端适配器。人机接口主要包括显示器和键盘等。

4. 电源部分

电源部分为射频部分和逻辑 / 音频部分供电，同时又受到逻辑 / 音频部分的控制。

1.3.2　移动终端单元组成电路

1. 放大器

放大器的作用是放大交流信号，手机中的放大器主要分为以下 4 种。

1) 低频放大器

低频放大器用于放大低频信号。手机中的低频放大器主要用于两个地方：一是话筒放大，属于音频的前置放大；二是振铃和扬声器驱动放大，属于音频的功率放大。

2) 中频放大器

中频放大器的工作频率为几十兆赫兹或上百兆赫兹，仅放大某一固定频率的信号，采用窄带放大器。

3) 射频放大器

从基站到手机天线有很长的传播距离，进入手机的无线电信号已非常微弱，为了能对信号进一步的处理，必须先对信号进行射频放大。

射频放大器又称高频放大器或低噪声放大器，频带较宽，属于高频宽带放大器。

射频放大器和中频放大器都是调谐式放大器，故其集电极负载是 LC 调谐回路或高频补偿电感，一般都是带通滤波放大器。

4) 射频功率放大器

功率放大器简称功放，用于发射机中。调制后的发射信号一般要经过功率放大环节才能将发射功率放大到一定的功率电平上。功率放大器是手机中最重要的电路，也是故障率较高的电路。它的作用是放大发射信号，以足够的发射信号功率通过天线辐射到空间。手机在守候状态，功率放大器不工作，也就是不消耗电流。射频功率放大器发射功率受到较严格的控制，如图 1-6 所示。

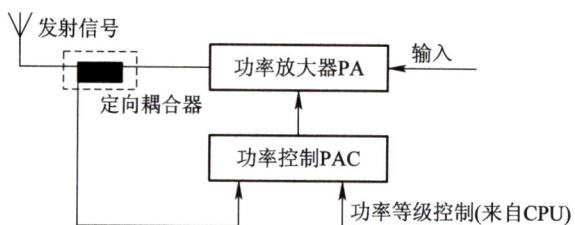

图 1-6   功率放大器电路控制

控制信号来自两个方面：一是由定向耦合器检测发射功率，反馈到功率放大器，组成自动功率控制 APC 环路，用闭环系统进行控制；二是功率等级控制，手机的接收机不停地测量基站信号场强，送到 CPU 处理，据此算出手机与基站的距离，产生功率控制数据，经 D/A 转换器转换为功率等级控制信号，通过功率控制模块，控制功率放大器发射功率的大小。

2. 振荡器

1) 振荡器的组成

振荡器是将直流电源转换为交流振荡能量的装置。在手机中，一般用晶体振荡器来产生基准频率或时钟信号，它一般由集成电路与晶体组成。晶体振荡器工作频率较低，且固定不变，频率稳定度高。在射频部分，如载波振荡、一本振等电路中，一般采用三点式振荡器。

此处以反馈式振荡器为例来说明振荡器的组成。反馈式振荡器由三个部分组成，即有功率增益的有源器件、决定频率的网络以及一个限幅和稳定的机构。

图 1-7 为反馈式振荡器的组成框图，图中包括具有功率增益的放大器、决定频率的网络以及正反馈网络。

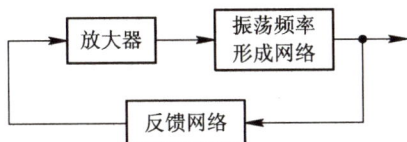

图 1-7 反馈式振荡器的组成框图

三点式振荡器又分为电容三点式、电感三点式和改进电容三点式。振荡器的频率能自动改变是通过在振荡频率形成网络中加入变容二极管来实现的。若改变加在变容二极管两端的反偏压 U_D，使变容二极管的结电容变化，则可以改变振荡频率。由于是用电压 U_D 来控制频率的变化，从这个意义上讲，这样的振荡器称为压控振荡器 (VCO)，即电压控制的振荡器。

2) 压控振荡器 (VCO)

压控振荡器是一个"电压—频率"转换装置，它将电压信号的变化转换成频率的变化。转换过程中电压控制功能的完成是通过一个特殊器件——变容二极管来实现的，控制电压实际是加在变容二极管两端的，如图 1-8 所示。

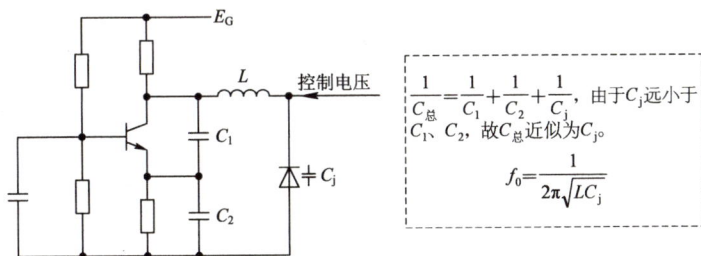

$$\frac{1}{C_{总}} = \frac{1}{C_1} + \frac{1}{C_2} + \frac{1}{C_j}，由于 C_j 远小于 C_1、C_2，故 C_{总} 近似为 C_j。$$

$$f_0 = \frac{1}{2\pi\sqrt{LC_j}}$$

图 1-8 压控振荡器 (VCO)

在移动通信中，手机的基准时钟一般为 13 MHz，它主要有以下两种电路：

(1) 专用的 13 MHz VCO 组件。它将 13 MHz 的晶体及变容二极管、三极管、电阻、电容等构成的振荡电路封装在一个屏蔽盒内，组件本身就是一个完整的晶体振荡电路，可以直接输出 13 MHz 时钟信号，如图 1-9 所示。

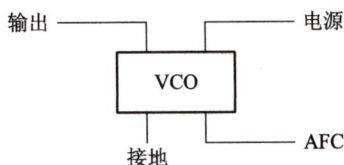

图 1-9 VCO 组件

(2) 分立元件组成的晶体振荡电路。它由 13 MHz 的晶体、集成电路和外围元件等构成。单独的石英晶体是不能产生振荡的。

3. 混频器

混频是在无线电通信中广泛应用的一种技术，混频器包括非线性器件和滤波器两个部分，任何一种形式的模拟相乘器，后面接入适当的带通滤波器，都可以作为混频器来使用。混频器的电路模型如图 1-10 所示，混频器有两个输入，一个输出。

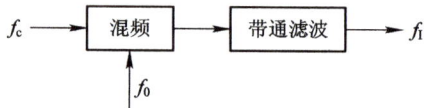

图 1-10   混频器的电路模型

手机混频器的作用是将手机天线接收到的射频信号与手机的本振信号混频后得到频率较低的中频信号。在手机中，有的机型的二次升频发射电路采用和频混频，即一本振和发射中频相加，得到发射载波。第一混频器和第二混频器经常被分别集成在射频模块和中频模块中。

4. 电子开关电路

电子开关（又称模拟开关）的电路模型如图 1-11 所示。

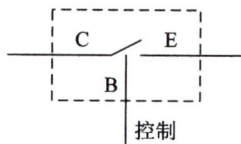

图 1-11   电子开关的电路模型

手机中有许多电子开关，如供电开关、天线开关等。

有些手机经常采用 8 个引脚的集成块作为电子开关，如图 1-12 所示。其中，1# ～ 3# 和 5# ～ 8# 之间跨接电子开关；4# 为控制端，低电平有效。该集成电路通常用于手机的各部分供电电路。

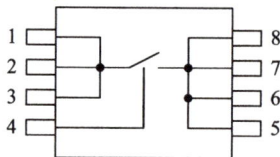

图 1-12   集成电子开关

5. 滤波器

滤波器是一种让某一频带内信号通过，同时又阻止这一频带以外信号通过的电路。滤波器的主要作用如下：

(1) 筛选有用信号，抑制干扰，即信号分离作用。

(2) 实现阻抗匹配，以获得较大的传输功率，即阻抗变换作用。

根据信号滤波特性，滤波器可分为低通、高通、带通和带阻四种类型。图 1-13

给出了常用的低通滤波器、高通滤波器、带通滤波器和带阻滤波器的电路符号。

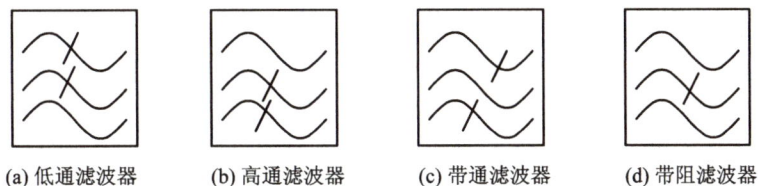

(a) 低通滤波器　　(b) 高通滤波器　　(c) 带通滤波器　　(d) 带阻滤波器

图 1-13　滤波器的电路符号

6. 频率合成器

频率合成器通常用来提供有足够精度和稳定度高的频率。手机中频率合成器的作用主要是为接收机提供一本振信号和为发射机提供载波信号，有些机型还要用频率合成器产生二本振和副载波。

手机中通常使用带锁相环的频率合成器，其基本模型如图 1-14 所示。它是由基准频率 f_A、鉴相器 PD、环路滤波器 LPF、压控振荡器 VCO 和分频器等组成的一个闭环自动频率控制系统。

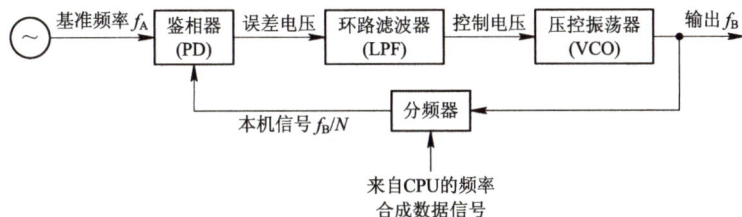

基准频率 f_A　鉴相器(PD)　误差电压　环路滤波器(LPF)　控制电压　压控振荡器(VCO)　输出 f_B

本机信号 f_B/N　分频器

来自CPU的频率合成数据信号

图 1-14　频率合成器的基本模型

实际中，基准频率 f_A 就是 13 MHz 基准时钟。13 MHz 基准时钟一方面为手机逻辑电路工作提供了必要的条件，另一方面为频率合成器提供基准时钟。

鉴相器是一个相位比较器，将基准时钟信号与压控振荡器 VCO 的振荡信号进行相位比较，并将 VCO 振荡信号的相位变化转换为电压变化，其输出是一个脉动的直流信号。这个脉动的直流信号经环路滤波器滤除高频成分后去控制压控振荡器。

环路滤波器实为一低通滤波器，它是一个 *RC* 电路，如图 1-15 所示，使高频成分被滤除，以防止高频谐波对压控振荡器 (VCO) 造成干扰。

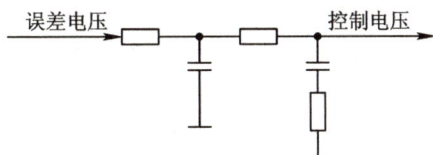

误差电压　控制电压

图 1-15　环路滤波器

手机电路中频率合成环路多，不同的频率合成器使用的分频器不同：接收电路的第一本机振荡 (RXVCO、UHFVCO、RFVCO) 信号是随信道的变化而变化的，该频率合成器中的分频器是一个程控分频器，其分频比受控于 CPU 的频率合成数据信号 (SYNDAT、SYNCLK、SYNSTR)；中频 VCO 信号是固定的，该频率合成

✎ 器中的分频比也是固定的。

1.4 逻辑/音频电路与I/O接口

本 节 导 入

　　逻辑/音频电路部分的主要功能是以 CPU 为中心，完成对话音等数字信号的处理、传输及对整机工作的管理和控制。它包括系统逻辑控制和音频信号处理（也称基带电路）两个部分，是手机系统的心脏。而 I/O 接口部分负责处理与主板相连的其他器件的通信，包括与输入器件、输出器件或输入/输出器件的通信。

1.4.1 系统逻辑控制部分

　　系统逻辑控制部分用于控制和管理整机的工作，包括开机操作、定时控制、数字系统控制、射频部分控制及外部接口、键盘、显示屏控制等。其基本组成如图 1-16 所示。

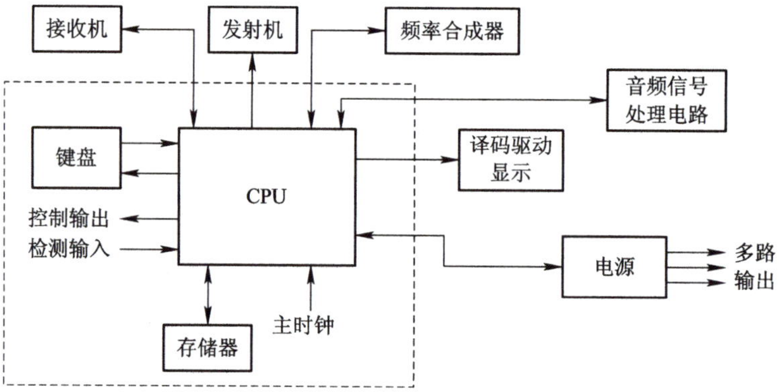

图 1-16　系统逻辑控制电路的基本组成

　　CPU 与存储器通过总线和控制线相连接。总线由 4～20 条功能性质相同的数据传输线组成，控制线是指 CPU 操作存储器进行各项指令的通道，如片选信号、复位信号、看门狗信号、读写信号等。CPU 对音频部分和射频部分的控制处理也是通过控制线完成的，控制线信号一般包括 MUTE（静音）、LCDEN（显示屏使能）、LIGHT（发光控制）、CHARGE（充电控制）、RXEN（接收使能）、TXEN（发送使能）、SYNDAT（频率合成器信道数据）、SYNEN（频率合成器使能）、SYNCLK（频率合成器时钟）等。这些控制线信号从 CPU 伸展到音频部分和射频部分内部，使各模块和电路中相应的部分去完成整机复杂的工作。所有逻辑电路工作都需要两个基本要素，即时钟和电源。

1.4.2 音频信号处理部分

音频信号处理分为接收音频信号处理和发送音频信号处理，一般包括数字信号处理器 (DSP)(或调制解调器、语音编解码器、PCM 编解码器) 和 CPU 等。

1. 接收音频信号处理

图 1-17 为接收音频信号处理变化流程示意图。手机天线通过电磁感应接收从移动基站发来的射频信号，经低噪声放大 (即高频放大)，高频放大后信号与接收本振信号通过混频滤除频率相加的信号，保留频率相减的信号，即接收中频模拟信号，经中频放大、中频模拟信号解调 (RXI/Q 解调)、高斯最小移动键控数字解调 (GMSK 解调)、一系列数字信号处理 (DSP，如解密、去交织、信道解码、语音解码等)，再通过 PCM(脉冲编码调制) 解码、低频音频放大处理，最后送给受话器 (即听筒) 还原对方的语音信号。

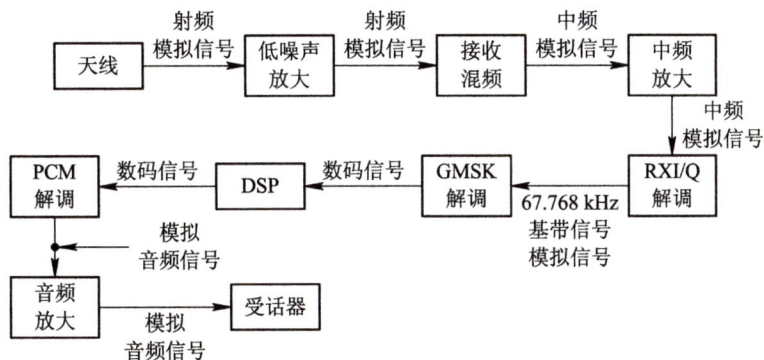

图 1-17 接收音频信号处理变化流程示意图

2. 发送音频信号处理

图 1-18 为发送音频信号处理变化流程示意图。其中，1 为送话器拾取的模拟语音信号；2 为 PCM 编码后的数字话音信号；3 为数码信号；4 为经逻辑电路一系列处理后，分离输出的 TXI/TXQ 波形；5 为已调中频发射信号；6 为射频发射信号；7 为功率放大后的最终射频发射信号。

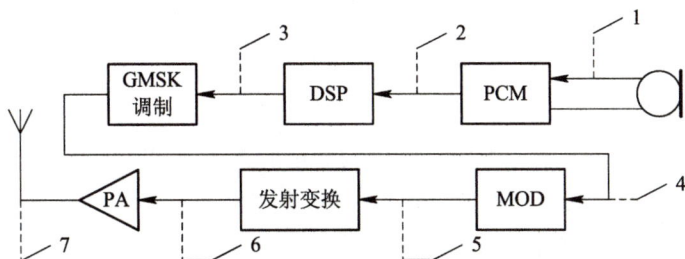

图 1-18 发送音频信号处理变化流程示意图

图 1-18 中，PCM 表示脉冲编码调制，即模拟信号到数字信号的转换；DSP 表示数字信号处理，如语音编码、信道编码、交织、加密等；GMSK 调制表示高斯最小移频键控数字调频；MOD 表示发射中频调制；PA 表示功率放大。

1.4.3 I/O 接口部分

图 1-19 为从计算机的角度看手机原理图，其中接口部分分为两部分，即 I 口（输入口）和 O 口（输出口）；CPU 即中央处理器；三类存储器分别为 SRAM、EEPROM、FLASHROM。

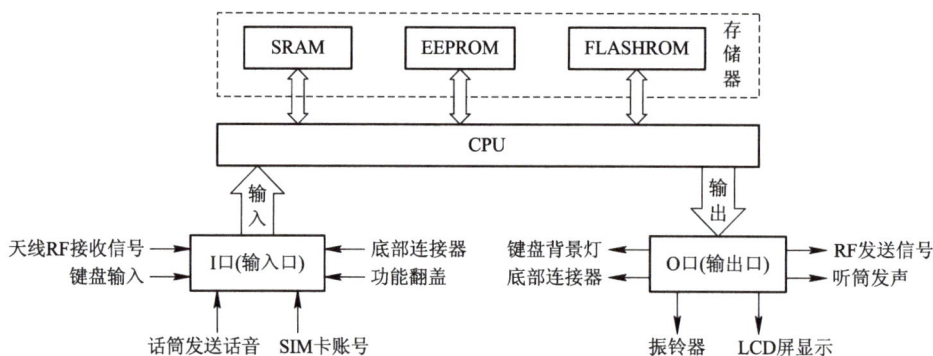

图 1-19 从计算机的角度看手机原理图

1.5 手机电源电路

本 节 导 入

手机电源电路是手机其他各部分电路的"食堂"。整机电源是向手机提供能量的电路，而被供电的电路则称为电源的负载。手机的电源电路包括电源 IC、升压电路、充电电路等。

1.5.1 电源 IC 模型

手机采用电池供电，电池电压是手机供电的总输入端，通常称为 B+ 或 BATT。B+ 为不稳定电压，需将它转化为稳定的电压输出，而且要输出多路（组）不同的电压，为整机各个电路（负载）供电，这个电路称为直流稳压电源，简称电源。大多数手机的电源采用集成电路实现，称为电源 IC。电源 IC 的基本模型如图 1-20 所示。

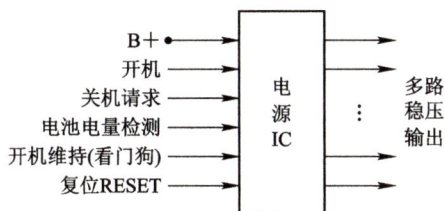

图 1-20　电源 IC 的基本模型

1.5.2　手机电源电路的基本工作过程

手机电源的开机过程（如图 1-21 所示）：当按下开机键后，电源模块产生各路电压供给各部分，输出复位信号供 CPU 复位。同时，电源模块还输出 13 MHz 振荡电路的供电电压，使 13 MHz 振荡电路工作，产生的系统时钟输入到 CPU；CPU 在具备供电、时钟和复位（三要素）的情况下，从存储器内调出初始化程序，对整机的工作进行自检。这样的自检包括逻辑部分自检、显示屏开机画面显示、振铃器或振荡器自检以及背景灯自检等。如果自检正常，CPU 就会给出开机维持信号，送给电源模块，以代替开机键，维持手机的正常开机。不同的机型，维持信号的实现是不同的。例如，在爱立信机型中，CPU 的某管脚从低电压跳变为高电压以维持整机的供电；而在摩托罗拉机型中，CPU 将看门狗信号置为高电压，供应给电源模块，使电源模块维持整机供电。

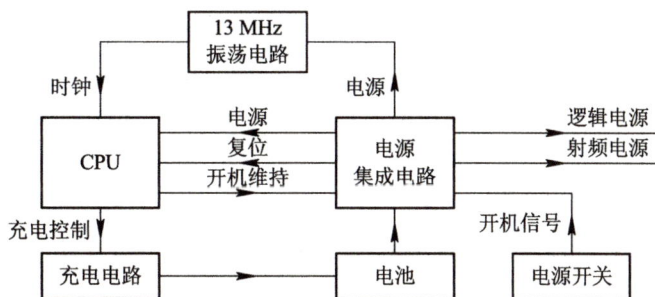

图 1-21　手机电源开机过程

1.5.3　升压电路和负压发生器

手机中 B+ 采用 3.6 V、2.4 V。手机中有时需要 5.0 V 为 SIM 卡供电，需要为显示屏、CPU 等提供较高电压，这就需要用升压电路来产生超出 B+ 的电压。

负压也是由升压电路产生的。常见的升压方式有电感升压和振荡升压两种。

1. 电感升压

电感升压基本原理电路如图 1-22 所示。

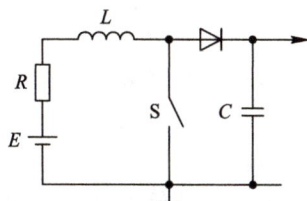

图 1-22　电感升压基本原理电路

当开关 S 闭合时，有电流流过电感 L，这时电感中便储存了磁场能，但并没有产生感应电动势；当开关突然断开时，由于电流从某一值跳变为零，电流的变化率很大，电感中便产生一个较强的感应电动势。这个感应电动势电压峰值很大，再经整流滤波电路即可实现升压。

2. 振荡升压

振荡升压电路是通过振荡集成块和振荡阻容元件来实现的。振荡集成块又称升压 IC，一般有 8 个引脚。内部可以是间歇振荡器，外配振荡电容产生振荡；也可以是两级门电路，外配阻容元件构成正反馈而产生振荡。阻容元件能改变振荡频率，所以又称定时元件；振荡电路一般产生方波电压，此电压再经整流滤波器形成直流电压。

1.5.4　机内充电电路

机内充电电路是用外部充电器输出的 EXT-B+(或 B+) 为手机电池充电，为整机供电的，其基本组成如图 1-23 所示。

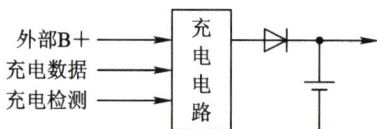

图 1-23　机内充电电路的基本组成

充电电路可以是集成电路，也可以是分立元件电路，其外特性很简单。图 1-23 中，充电数据是由 CPU 发出的，可以由用户事先设定 (用户不作设定时默认厂商设定)；充电检测是检测内部 B+ 是否充满，可以检测充电电流，也可检测充电电压；二极管用来隔离内部 B+ 与充电器的联系，防止内部 B+ 向充电器倒灌电流。

1.6　移动终端接收机及发射机射频电路结构的分类

本节导入

移动终端无线电接收机射频电路结构有两大类：一类是外差式接收机，常见的有超外差一次变频接收机、超外差二次变频接收机；另一类是直接变换的接收机。具体可将其分为四种基本的框架结构，即超外差一次变频接收机、超外差二次变频接收机、直接变换的线性接收机、低中频接收机。移动终端无线电发射机射频电路结构有带偏移锁相环的发射机、带发射上变频器的发射机、直接变换的发射机三大类。

1.6.1　接收机射频电路结构的分类

1. 超外差一次变频接收机

接收机射频电路中只有一个混频电路的属于超外差一次变频接收机，超外差一次变频接收机的电路结构框图如图1-24所示。图1-24中，ANT表示天线；RXVCO表示接收压控振荡信号；VCO表示压控振荡信号；RXI/RXQ分别表示手机接收模拟解调信号中的I路信号（即同相信号）、Q路信号（即正交信号）。

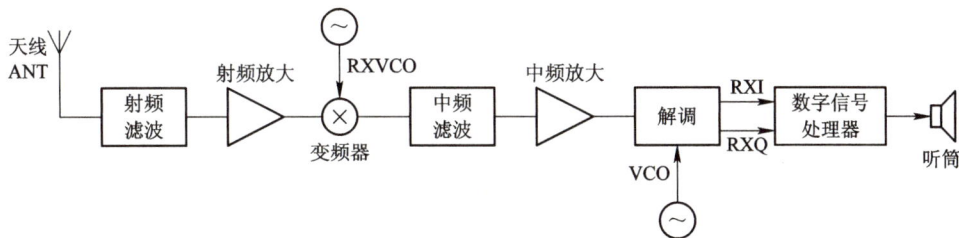

图 1-24　超外差一次变频接收机的电路结构框图

2. 超外差二次变频接收机

为了获得更高的灵敏度和选择性，有时需要通过两次或更多次变频，在多个中频频率上对信号进行逐步滤波和放大。若接收机射频电路中有两个混频电路，则该机属于超外差二次变频接收机，这也是无线电接收机常见的结构。超外差二次变频接收机的电路结构框图如图1-25所示。图1-25中，RXVCO表示接收压控振荡信号；IFVCO表示中频压控振荡信号；VCO表示压控振荡信号；RXI/RXQ分别表示手机接收模拟解调信号中的I路信号（即同相信号）、Q路信号（即正交信号）。

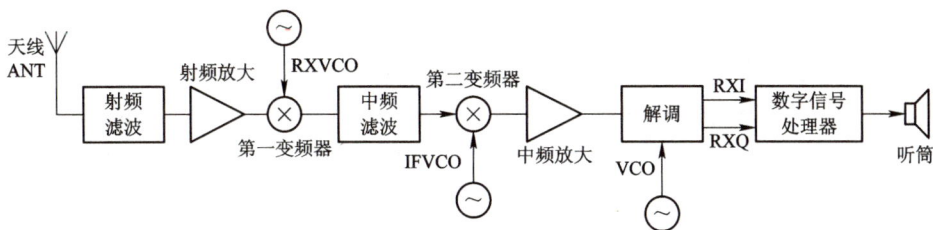

图 1-25　超外差二次变频接收机的电路结构框图

3. 直接变换的线性接收机

直接变换的线性接收机(Direct Conversion Linear Receiver)是一种比较特殊的接收机，它接收到的射频信号在混频电路（解调）中直接被还原成基带信号，该接收机的电路结构框路如图1-26所示，该类接收机也被称为"零中频"接收机，是最自然、最直接的实现方法。图1-26中，RXVCO表示接收压控振荡信号；RXI/RXQ分别表示手机接收模拟解调信号中的I路信号（即同相信号）、Q路信号（即正交信号）。

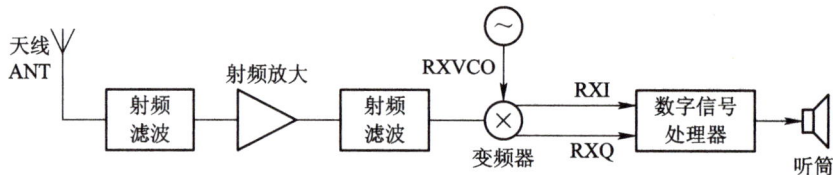

图 1-26   直接变换的线性接收机的电路结构框图

4. 低中频接收机

图 1-27 为低中频接收机的电路结构框图。从电路结构图上看，低中频接收机与超外差一次变频接收机的电路结构非常相似。低中频接收机又被称为近零中频接收机 (Near-Zero IF Receiver)，它具有"零中频接收机"类似的优点，同时避免了"零中频接收机"的直流偏移 (DC Offset) 导致的低频噪声的问题。图1-27 中，LAN 表示低噪声放大 (即接收高频放大)；PGA 表示可编程增益放大器 (Programmable Gain Amplifier)；ADC 表示模数转换器 (Analog to Digital Converter)，通常是指将模拟信号转变为数字信号的电子元件；DAC 表示数模转换器 (Digital to Analog Converter)，通常是指将数字信号转变为模拟信号的电子元件。

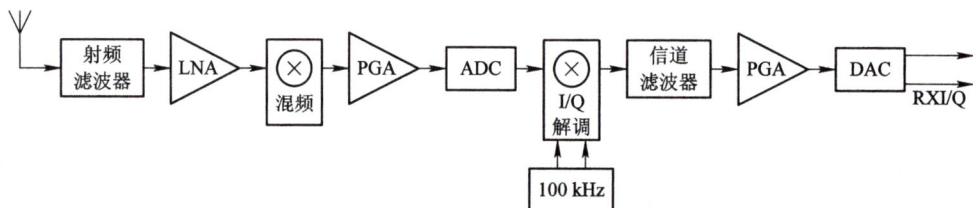

图 1-27   低中频接收机的电路结构框图

1.6.2   发射机射频电路结构的分类

1. 带偏移锁相环的发射机

带偏移锁相环 (Offset Phase-Locked Loop，OPLL) 的发射机的电路结构如图1-28 所示。图 1-28 中，RXVCO 表示接收压控振荡信号；PD 表示鉴相器；TXI/Q 表示发射同相 / 正交信号；TXI/Q 调制表示发射同相 / 正交信号的中频调制；VCO 表示电压控制振荡信号。

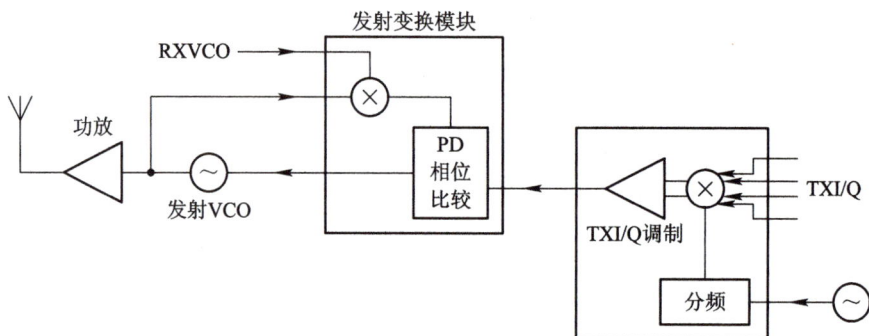

图 1-28   带偏移锁相环的发射机的电路结构

发射偏移锁相环也被称为发射调制环路 (Transmit Modulation Loop)，它由偏移混频电路 (Offset Mixer)、发射鉴相器 (PD) 及外接的环路滤波电路 (或称低通滤波电路、LPF)、发射 VCO 电路组成。

2. 带发射上变频器的发射机

带发射上变频器的发射机的电路结构如图 1-29 所示。它是一种外差式的发射机。图 1-29 中，RXVCO 表示接收压控振荡信号；TXI/Q 表示发射同相 / 正交信号，TXI/Q 调制表示发射同相 / 正交信号的中频调制。

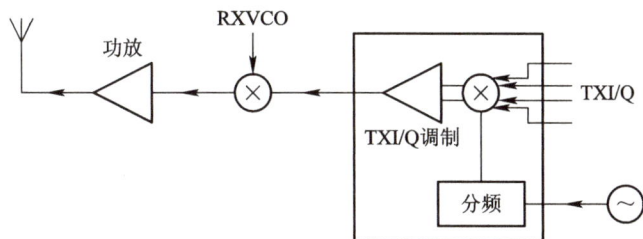

图 1-29　带发射上变频器的发射机的电路结构

3. 直接变换的发射机

直接变换的发射机将调制与上变频合二为一，在一个电路中完成。直接变换的发射机的电路结构如图 1-30 所示。图 1-30 中，PCM 编码表示脉冲编码调制，即将模拟信号转换成数字信号；DSP 表示 (发射) 数字信号处理，如语音编码、信道编码、交织、加密、数字调制；RXVCO/SHFVCO 表示接收压控振荡信号 /U 频段压控振荡信号。

图 1-30　直接变换的发射机的电路结构

📶 本章小结

(1) 移动终端经历了只能语音通信的 1G 模拟终端，到既能语音通信，又能数据通信的 2G、3G、4G、5G 数字移动终端。

(2) 国内机卡分离的数字移动终端都需插入用于区分移动用户的手机卡才能进行通信，终端主板 CPU 通过与 SRAM、EEPROM、FLASHROM 三类存储器的合作，逻辑控制整个终端系统的正常运行。

(3) 移动终端整体架构包括射频、逻辑 / 音频、接口、电源四个部分，其基本单元电路包括低频放大器、中频放大器、射频放大器、射频功率放大器、振荡器、混频器、电子开关电路、滤波器、频率合成器等。

(4) 系统逻辑控制部分用于控制和管理整机的工作，音频信号处理部分用于接收音频信号和发送音频信号，输入 / 输出 (I/O) 接口部分用于与输入 / 输出器件的通信。

　　(5) 手机电源电路包括电源 IC、升压电路、充电电路，手机电源电路是手机其他各部分电路的"食堂"。

　　(6) 移动终端接收机射频结构分为四种，即超外差一次变频接收机、超外差二次变频接收机、直接变换的线性接收机、低中频接收机；发射机射频结构分为三种，即带偏移锁相环的发射机、带发射上变频器的发射机、直接变换的发射机。

本章考核评价

　　本章考核评价表如表 1-1 所示，包括基本素养 (30 分)、理论知识 (50 分)、实践操作 (20 分) 三个部分。

表 1-1　本章考核评价表

序号	评 估 内 容	自评	互评	师评
基本素养 (30 分)				
1	纪律 (无迟到、早退、旷课)(15 分)			
2	课堂表现能力、沟通能力 (15 分)			
理论知识 (50 分)				
1	掌握移动终端的发展历程和各代移动终端的优缺点 (5 分)			
2	掌握移动终端用户卡的管脚排列、功能和卡中数据、密码情况及应用 (8 分)			
3	掌握移动终端主板中存储器的分类、作用及应用 (8 分)			
4	掌握移动终端基本单元电路的类型、工作原理、作用及应用 (8 分)			
5	掌握移动终端逻辑 / 音频电路、I/O 接口组成结构的原理及应用 (6 分)			
6	掌握移动终端电源供电原理和开机维持供电过程及应用 (7 分)			
7	掌握移动终端接收机及发射机射频电路结构的分类及应用 (8 分)			
实践操作 (20 分)				
1	查询自己手机的型号及支持的移动网络 (4 分)			
2	查询自己手机的功能应用 (10 分)			
3	查询自己手机的运行内存、存储内存 (6 分)			

本章习题

一、填空题

1. 模拟手机的主要缺点有_____、_____、_____。

2. 手机 PIN 码_____次输入有效，PUK 码_____次输入有效。

3. 手机卡基本有 6 个工作端口，分别为_____、_____、_____、_____、_____及编程端。

4. 手机主板中的存储器主要分为三种，分别为_____、_____、_____。

5. 手机中的放大器主要分为_____、_____、_____、_____四种。

6. VCO 的含义是_____，LPF 的含义是_____。

7. 手机接收机射频电路结构可分为_____、_____、_____、_____四种。

8. 手机发射机射频电路结构可分为_____、_____、_____三种。

9. 手机中的滤波器可分为_____、_____、_____、_____四种。

10. 频率合成器由基准频率电路、_____、_____、_____、_____五部分组成。

二、简答题

1. 简述移动终端主板中各类存储器的作用。

2. 简述移动终端频率合成器的基本工作原理。

3. 简述移动终端放大器的种类及各自作用。

4. 简述移动终端电源电路的基本工作过程。

5. 简述移动终端 VCO 电路的工作原理。

第2章 / 认识智能手机

本章描述

　　智能手机具有独立的操作系统，用户可自行安装软件等第三方服务商提供的程序，通过处理器、存储器、输入/输出设备、通信模块、电源管理单元、传感器和接口等，为用户提供更丰富的功能和体验。因其具有PDA操作便捷性、交互方便性、操作系统开放性等显著优势，成为现代人生活中不可或缺的一部分。

本章目标

(1) 掌握智能手机的概念及特点；

(2) 掌握智能手机的发展历程；

(3) 掌握智能手机的分类；

(4) 掌握智能手机的整体硬件构成；

(5) 了解智能手机的软件构成；

(6) 掌握智能手机的主要参数；

(7) 掌握智能手机的主要操作系统；

(8) 培养学生尊重知识产权，在维修过程中，应尊重智能手机的软件版权和硬件设计，不擅自破解、篡改或复制他人的技术成果。

本章重点

(1) 智能手机的概念及特点；

(2) 智能手机的分类；

(3) 智能手机的整体硬件构成；

(4) 智能手机的主要参数；

(5) 智能手机的主要操作系统。

2.1 智能手机的概念、特点及发展历程

本节导入

当前的移动通信终端大部分为智能终端，那么何谓智能手机？其又有何特点？智能手机从出现到现在经历了怎样的发展历程呢？

2.1.1 智能手机的概念及特点

1. 智能手机的概念

智能手机 (Smartphone) 又称作"智慧型手机""智能型电话"，是像个人电脑一样，具有独立的操作系统，用户可以自行安装软件等第三方服务商提供的程序，通过这些程序来不断扩充手机的功能，并可以通过移动通信网络来实现无线网络接入的这类手机的总称。

从本质上讲，智能手机应该同时具备手机和 PDA(个人数字助理) 两方面的功能，特别是个人信息管理以及基于无线数据通信的浏览器和电子邮件功能。智能手机为用户提供了足够的存储空间和较小的尺寸，既方便随身携带，又为软件运行和内容服务提供了广阔的平台，很多增值业务可以就此展开，如股票、新闻、天气、交通、商品、应用程序下载和音乐图片下载等。

2. 智能手机的特点

智能手机的主要特点有以下几点：

(1) 具备无线接入互联网的功能：智能手机支持各种网络模式，如 2G(GSM、GPRS、CDMA)、3G(WCDMA、CDMA-2000、TD-SCDMA、HSPA+)、4G(FDD-LTE、TD-LTE)、5G(NR) 等，使用户可以随时随地接入互联网。

(2) 具有 PDA(个人数字助理) 功能：包括个人信息管理 (PIM)、日程记事、任务安排、多媒体应用以及浏览网页等。

(3) 具有开放性的操作系统：智能手机拥有独立的核心处理器 (CPU) 和内存，可以安装更多的应用程序，从而实现功能的无限扩展。

(4) 人性化：用户可以根据个人需要扩展智能手机的功能，进行实时软件升级，

智能识别软件兼容性，实现软件市场同步的人性化功能。

(5) 功能强大：智能手机的扩展性能强，支持多种第三方软件。

(6) 运行速度快：随着半导体产业的发展，核心处理器 (CPU) 发展迅速，使智能手机在运行方面越来越快。

综上所述，智能手机具有无线接入互联网、PDA 功能、开放性操作系统、人性化设计、功能强大以及运行速度快等特点，这些特点使得智能手机成为现代生活中不可或缺的一部分。

2.1.2　智能手机的发展历程

智能手机的发展历程可以追溯到 20 世纪 70 年代和 80 年代的移动电话时期。当时的移动电话主要用于语音通信，体积庞大且价格昂贵。然而，随着技术的不断进步，手机开始逐渐发展出更多的功能。

在 20 世纪 90 年代末，诺基亚推出了第一款成功的"掌上电脑"—— Nokia Communicator。这款设备结合了手机和 PDA(个人数字助理) 功能，具备文本处理、电子邮件和浏览互联网等功能，为后来智能手机的发展奠定了基础。

到了 2000 年，Ericsson(爱立信) 与洛基达 (LokiDa) 公司合作推出了真正意义上的第一款智能手机—— Ericsson R380。这款设备具备触摸屏、日历、电子邮件、互联网浏览和第三方应用程序支持等功能，标志着智能手机时代的开始。

随后，诺基亚、摩托罗拉等公司也相继推出了自己的第一款智能手机。2004 年，RIM(黑莓) 推出了黑莓 6210，被称作是第一款更像手机的智能手机，它在商务市场上取得了巨大的成功。

然而，在智能手机发展初期，这些设备并未广泛流行。直到 2007 年，苹果公司推出了第一代 iPhone，智能手机才真正开始走向市场并改变了整个行业的格局。iPhone 凭借其独特的触控界面、丰富的应用程序和强大的功能，迅速赢得了消费者的喜爱，并引领了智能手机市场的快速发展。

随着 iPhone 的成功，全球各地的智能手机厂商开始纷纷效仿，推出了各自品牌的智能手机。其中，三星成为在高端市场唯一能够与苹果匹敌的智能手机厂商。在国内市场，国产手机也逐渐崛起，形成了中兴、华为、酷派、联想等品牌的竞争格局。

近年来，随着 5G 技术的快速发展和物联网的兴起，智能手机的功能和应用场景也在不断扩展。智能手机不仅成为人们日常生活和工作的必备工具，还在医疗、教育、娱乐等领域发挥着越来越重要的作用。

总的来说，智能手机的发展历程是一个不断创新和进步的过程。从最初的移动电话到如今的多功能智能设备，智能手机已经成为现代社会不可或缺的一部分。

2.2　智能手机的分类、组成及参数

本 节 导 入

　　智能手机厂商很多、品类繁多，那么如何对这么多的智能手机进行分类呢？智能手机功能强大，其又是通过哪些硬件与软件来支持这么多功能的？智能手机的价格差别很大，主要是因为其产品参数的差别大，那么智能手机的主要参数有哪些呢？

2.2.1　智能手机的分类

智能手机主要根据其操作系统和硬件配置进行分类。

(1) 操作系统：智能手机的操作系统主要有 Android、iOS、Windows Phone 等。其中，Android 和 iOS 占据了大部分市场份额。

(2) 硬件配置：智能手机的硬件配置主要包括处理器、内存、存储空间、屏幕、摄像头等。根据这些硬件配置的不同，智能手机可以分为入门级、中端、高端等不同类型。

除了操作系统和硬件配置，智能手机还可以根据其外观设计、功能特点等因素进行分类，如全面屏手机、折叠屏手机、防水手机等。

2.2.2　智能手机的硬件、软件构成

1. 智能手机的硬件构成

智能手机的硬件构成如下：

(1) 处理器。处理器是手机的核心，负责各种指令的执行和操作系统的运行。处理器可以是单核或多核，并由不同的芯片组和处理器制造商提供。

(2) 存储器。存储器用于存储操作系统、应用程序、用户数据和缓存数据等。常见的存储器类型包括 RAM、ROM、Flash 内存等。

(3) 输入 / 输出设备。输入 / 输出设备包括屏幕、键盘、触摸屏、麦克风、扬声器等。这些设备允许用户与手机进行交互，输入信息并获取输出结果。

(4) 通信模块。通信模块负责手机与外部世界的通信。它包括基带处理器、射频芯片和功率放大器等组件，支持无线通信协议，如 GSM、CDMA、UMTS、

LTE 等。

(5) 电源管理单元。电源管理单元负责管理手机的电源供应，含电池充电和电源控制等。

(6) 传感器和接口。智能手机还包含各种传感器和接口，如摄像头、GPS、陀螺仪、加速度计、光线传感器等，为用户提供更丰富的功能和体验。

2. 智能手机的软件构成

智能手机的软件主要包括操作系统、中间件、用户界面和应用软件等部分。

(1) 操作系统。操作系统是手机硬件与应用程序之间的中介，提供底层硬件管理、系统级服务和应用程序运行环境。常见的智能手机操作系统有 Android、iOS 和 Windows Phone 等。

(2) 中间件。中间件连接操作系统和应用程序，提供各种服务和功能，如数据库管理、网络通信、图形渲染等。

(3) 用户界面。用户界面是用户与手机互动的接口，通常基于图形界面，提供各种图标和控件，使用户能够轻松地操作手机。

(4) 应用软件。应用软件是安装在智能手机上的各种应用程序，满足用户的不同需求，如通信、社交网络、游戏、地图导航等。应用软件的开发通常基于不同的平台和开发工具，以适应不同的操作系统。

综上所述，智能手机的硬件和软件构成是一个复杂的系统，它们协同工作以提供强大的功能和用户体验。随着技术的不断进步，智能手机的硬件和软件也在不断演进和升级。

2.2.3 智能手机的主要参数

智能手机的主要参数多种多样，下面是一些关键参数及其简要解释。

1. 处理器 (CPU)

智能手机的中央处理器是手机的大脑，负责各种指令的执行和操作系统的运行，决定了手机的运行速度和性能。根据手机的性能需求，处理器可以是单核或多核，主频越高越好，通常以 GHz 为单位。常见的处理器品牌有高通骁龙、联发科、苹果系列等。

2. 内存 (RAM)

内存 (RAM) 用于暂时存储正在运行的应用程序和数据，运行内存 (RAM) 是手机同时运行程序的空间大小，理论上 RAM 越大，多任务处理能力越强，手机运行多个应用时越流畅。

3. 存储空间 (ROM)

存储空间用于永久存储数据和应用，如存放照片、视频、文件等数据，一般来说，ROM 越大，能保存的数据越多。存储空间通常包括内部存储和外部存储 (如 microSD 卡)，常见的规格有 64 GB、128 GB、256 GB 等。

4. 操作系统

操作系统是智能手机的软件基础，手机软硬件的结合平台，其参数包括品牌和版本等。不同的操作系统有不同的特点和优势，如 iOS 的稳定性和流畅性，Android 的多样性和可定制性等。

5. 屏幕

尺寸：屏幕对角线长度，通常以英寸表示。

分辨率：屏幕上像素的数量和密度，分辨率决定了屏幕的像素密度，如 1920×1080 像素或 4K 分辨率。一般来说，分辨率越高，屏幕显示效果越好。

刷新率：决定了屏幕的显示流畅度。一般来说，刷新率越高，屏幕显示效果越好。

屏幕类型：如 LCD、OLED、AMOLED 等，影响显示效果和耗电量。

6. 摄像头

摄像头是手机最重要的输入设备之一，其参数包括像素、光圈、传感器等。像素越高，拍照效果越好；光圈越大，进光量越多，拍照效果越好；传感器尺寸越大，拍照质量越好。

主摄像头：用于拍照和视频录制的主要摄像头。

前置摄像头：用于自拍和视频通话。

像素：摄像头传感器的分辨率，影响照片和视频的质量。

光学 / 数字变焦：放大拍摄对象。

其他功能：如夜景模式、人像模式、超广角、微距等。

7. 电池

电池是手机的能源储备，其参数包括容量、充电速度等。电池的容量越大，手机续航时间越长；充电速度越快，充电体验越好。

容量：通常以 mAh(毫安时) 表示，决定手机的续航能力。

快充技术：如快充、超级快充、无线充电等，影响充电速度。

8. 网络连接

网络决定了手机的数据通信能力，手机支持的 4G/5G 网络越多、速度越快，手机的网络通信能力越好；支持的 Wi-Fi 标准越高、速度越快，手机的无线网络通信能力越好。

移动网络：支持的网络制式，如 4G、5G 等。

Wi-Fi：支持的 Wi-Fi 标准和频段。

蓝牙：蓝牙版本和连接功能。

NFC(近场通信)：用于无线支付、数据传输等功能。

9. 其他特性

防水防尘等级：如 IP68 等级。

指纹识别 / 面部识别：用于解锁手机的安全功能。

音频性能：如立体声扬声器、Hi-Fi 音质等。

2.3　智能手机的操作系统

本节导入

　　智能手机的操作系统的运算能力及功能比传统功能手机更强。操作系统不仅控制智能手机的硬件设备，如屏幕、摄像头、音频设备等，还管理手机上安装的各种应用程序，确保它们稳定运行。同时，它还提供直观友好的用户界面，使用户可以轻松地与智能手机进行交互。操作系统是智能手机的核心，它决定了手机的功能、性能和用户体验。那么市场上智能手机的操作系统主要有哪些呢？

　　常见的智能手机操作系统主要有 Android 系统、iOS 系统、Windows Phone 系统，其他的操作系统有 symbian OS、BlackBerry OS、Windows Mobile OS、Flyme OS、Harmony OS、Blur OS、Sense OS、Optimus OS、Funtouch OS、Color OS、MIUI OS 等。

2.3.1　Android 系统

　　Android 手机主要分为两大阵营，一是以谷歌原生 Android 系统为主阵营，二是以三星、华为、小米等厂商的定制系统为主阵营。图 2-1 为 Android 操作系统图标。

图 2-1　Android 操作系统图标

1. Android 手机的主要特点

Android 手机是基于 Android 操作系统的智能手机，通常由不同厂商设计和制造。Android 手机拥有最大的市场份额，主要特点如下：

(1) 开放性和定制性：Android 系统是一个开源系统，厂商可以根据自己的需求进行定制和改进。因此，Android 手机在功能和界面上具有多样性，可以满足不同用户的需求。

(2) 应用丰富：Android 手机可以访问 Google Play 商店，其中包含了大量的应用软件，用户可以随时下载和安装。

(3) 硬件多样性：由于 Android 手机由不同厂商制造，其硬件配置和性能也有很大差异。从入门级到高端，用户可以根据自己的需求选择适合自己的手机。

(4) 强大的社区支持：Android 社区非常活跃，用户可以轻松找到各种问题的解决方案，也可以通过社区获取最新的软件和硬件信息。

(5) 安全性能：尽管 Android 系统存在一些安全风险，但随着版本的更新和安全措施的实施，Android 手机的安全性能也在逐步提高。

总的来说，Android 手机具有开放性和定制性、应用丰富、硬件多样性、强大的社区支持等特点，为用户提供了丰富的选择和体验。

2. Android 操作系统的架构

图 2-2 为 Android 操作系统的架构，该架构包括四层，由上到下依次是应用程序层、应用程序框架层、核心类库和 Linux 内核。其中，核心类库中包含系统库及 Android 运行环境。

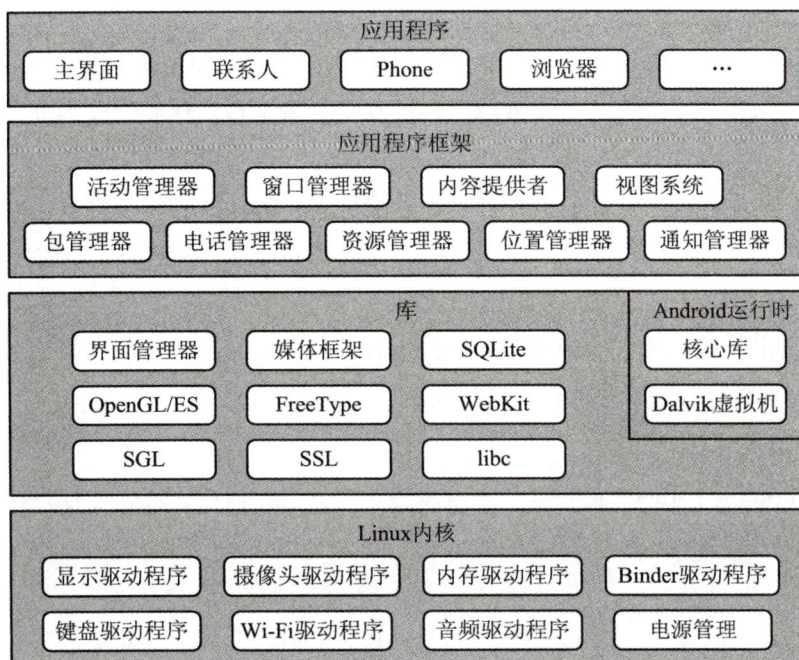

图 2-2　Android 操作系统的架构

1) 应用程序层

Android 装配了一个核心应用程序集合，包括 E-mail 客户端、SMS 短消息程序、日历、地图、浏览器、联系人管理程序和其他程序，所有应用程序都是用 Java 编程语言编写的。

用户开发的 Android 应用程序和 Android 的核心应用程序是同一层次的，它们都是基于 Android 系统的 API 构建的。

2) 应用程序框架层

应用程序的体系结构旨在简化组件的重用，任何应用程序都能发布它的功能且任何其他应用程序都可以使用这些功能 (需要服从框架执行的安全限制)，这一机制允许用户替换组件。

开发者完全可以访问核心应用程序所使用的 API 框架。通过提供开放的开发平台，Android 使开发者能够编制极其丰富和新颖的应用程序。开发者可以自由地利用设备硬件优势访问位置信息、运行后台服务、设置闹钟、向状态栏添加通知等。

3) 系统库

Android 本地框架是用 C/C++ 实现的，包含 C/C++ 库，以供 Android 系统的各个组件使用。这些功能通过 Android 的应用程序框架为开发者提供服务。

4) Android 运行环境

Android 运行环境中包含一个核心库的集合，该核心库提供了 Java 编程语言核心库的大多数功能。几乎每一个 Android 应用程序都在自己的进程中运行，都拥有一个独立的 Dalvik 虚拟机实例。

Dalvik 是 Google 公司设计的，用于 Android 平台的 Java 虚拟机。Dalvik 虚拟机是由 Google 等厂商合作开发的 Android 移动设备平台的核心组成部分之一，它可以支持已转换为 .dex(Dalvik Executable) 格式的 Java 应用程序的运行。

.dex 格式是专为 Dalvik 设计的一种压缩格式，适合内存和处理器速度有限的系统。

Dalvik 经过优化，允许在有限的内存中同时运行多个虚拟机的实例，并且每一个 Dalvik 应用作为一个独立的 Linux 进程执行。Dalvik 虚拟机依赖 Linux 内核提供基本功能，如线程和底层内存管理。

5) Linux 内核

Android 基于 Linux 提供核心系统服务，如安全、内存管理、进程管理、网络堆栈、驱动模型。除了标准的 Linux 内核外，Android 还增加了内核的驱动程序，如 Binder(IPC) 驱动、显示驱动、输入设备驱动、音频驱动、摄像头驱动、Wi-Fi 驱动、蓝牙驱动、电源管理。Linux 内核也可作为硬件和软件之间的抽象层，它隐藏具体硬件细节而为上层提供统一的服务。分层的好处就是使用下层提供的服务为上层提供统一的服务，屏蔽本层及以下层的差异，当本层及以下层发生了变化时，不会影响到上层，可以说是高内聚、低耦合。

2.3.2　iOS 系统

采用 iOS 操作系统的只有苹果公司的 iPhone 手机，iOS 操作系统是苹果公司自主研发的。

1. iOS 系统手机的基本情况

(1) 发布时间：iOS 操作系统首次应用于 2007 年 1 月 9 日发布的初代 iPhone 上。

(2) 操作系统特性：iOS 操作系统具有高度的集成度和稳定性，提供了一系列苹果公司自主研发的应用程序和服务，如 Safari 浏览器、iTunes 商店、FaceTime 视频通话等。

(3) 设备特点：iOS 设备通常具有高分辨率显示屏、强大的处理器和先进的摄像头，提供了卓越的用户体验。苹果公司非常注重 iOS 设备的设计和制造细节，因此设备外观和内部硬件通常都很精美和强大。

(4) 安全性：iOS 系统被认为是相对安全的操作系统，苹果公司对其进行了严格的保护和控制。用户只能从苹果的官方应用商店下载和安装应用程序，这有助于减少恶意软件的风险。

(5) 更新和支持：苹果公司定期发布新的 iOS 版本，提供了新的功能和安全性更新。同时，苹果公司通常会为其设备提供长达数年的更新和支持服务。

(6) 生态系统：iOS 设备与苹果公司的其他产品和服务 (如 Mac 电脑、iPad 平板电脑、Apple Watch 智能手表等) 无缝集成，形成了一个完整的生态系统。这为用户提供了一站式的解决方案，方便用户在不同设备之间无缝切换。

2. iOS 操作系统的架构

iOS 基于 UNIX 内核，Android 基于 Linux 内核，iOS 和 Android 作为两款优秀的手机操作系统，它们既有共性又有区别。iOS 操作系统的架构分为四层，分别为核心操作系统层 (Core OS layer)、核心服务层 (Core Services layer)、媒体层 (Media layer)、可触摸层 (CocoaTouch layer)。

iOS 操作系统的架构解析如下：

(1) 核心操作系统层：位于 iOS 系统架构最下面，它包括内存管理、文件系统、电源管理以及一些其他的操作系统任务。它可以直接和硬件设备进行交互。App 开发者不需要与这一层打交道。

(2) 核心服务层：通过它可以访问 iOS 的一些服务。

(3) 媒体层：通过它可以在应用程序中使用各种媒体文件，进行音频与视频的录制、图形的绘制，以及制作基础的动画效果。

(4) 可触摸层：这一层为应用程序开发提供了各种有用的框架，并且大部分与用户界面有关。本质上来说，它负责用户在 iOS 设备上的触摸交互操作。

2.3.3　Windows Phone 系统

Windows Phone(简称 WP) 是微软于 2010 年 10 月 21 日正式发布的一款手机操作系统，初始版本命名为 Windows Phone 7.0。微软 Windows Phone 7 的系统图标如图 2-3 所示。

图 2-3　微软 Windows Phone 7 的系统图标

下面是 Windows Phone 手机的基本信息：

(1) 操作系统特点：Windows Phone 操作系统基于 Windows CE 内核，采用了一种称为 Metro 的用户界面 (UI)，并将微软旗下的 Xbox Live 游戏、Xbox Music 音乐与独特的视频体验集成至手机中。

(2) 版本更新：Windows Phone 的后续系统是 Windows 10 Mobile。其主屏幕通过类似仪表盘的体验来显示新的电子邮件、短信、未接来电、日历约会等，让人们对重要信息保持时刻更新。

(3) 发布时间：2010 年 10 月，微软公司正式发布 Windows Phone 智能手机操作系统的第一个版本 Windows Phone 7.0，简称 WP7，并于 2010 年底发布了基于此平台的硬件设备。

(4) 后续发展：虽然 Windows Phone 在市场上有过一段竞争历史，但随着其他操作系统的兴起，Windows Phone 的市场份额逐渐减少。2017 年微软停止了对 Windows Phone 操作系统的更新和支持。

总的来说，Windows Phone 手机以其独特的 Metro 用户界面和集成的微软服务为特点，虽然在市场上曾经有过一定的影响力，但最终未能占据主导地位。

2.3.4　其他操作系统

其他操作系统手机是指采用非主流操作系统的智能手机，如 symbian OS、BlackBerry OS、Windows Mobile OS、Flyme OS、Harmony OS、Blur OS、Sense OS、Optimus OS、Funtouch OS、Color OS、MIUI OS 等。

1. symbian OS

symbian(塞班)OS 是一个实时性、多任务的 32 位操作系统，具有功耗低、内存占用少等特点，非常适合手机等移动设备使用，经过不断完善，可以支持 GPRS、蓝牙、SyncML，以及 3G 技术。最重要的是，它是一个标准化的开放式平台，任何人都可以为支持 symbian 的设备开发软件。与微软产品不同的是，symbian OS 将移动设备的通用技术，也就是操作系统的内核，与图形用户界面技术分开，能很好地适应不同方式输入的平台，使厂商可以为自己的产品制作更加友好的操作界面，符合个性化的潮流，这也是用户能见到不同 symbian OS 的主要原因。目前，为这个系统开发的 Java 程序已经开始在互联网上盛行，用户可以通过安装这些软件，扩展手机功能。symbian OS 的系统图标如图 2-4 所示。

图 2-4　symbian OS 的系统图标

2. BlackBerry OS

BlackBerry OS 是加拿大手机制造商黑莓公司开发的移动操作系统。它最初是为黑莓的硬件设备设计的，但也有其他厂商的设备使用该操作系统。BlackBerry OS 在电子邮件、安全性、企业和政府应用等方面具有优势。

BlackBerry OS 是 Research In Motion 专用的操作系统，由第三方开发。第三方软件开发商可以利用 APIs 以及专有的 BlackBerry APIs 写软件。但任何应用程式，若需要使它限制使用某些功能，则必须附有数码签署 (digitally signed)，以便用户能够联系到 RIM 公司的开发者的账户。这次签署的程序能保障作者的申请，但并不能保证它的质量或安全代码。

BlackBerry OS 的系统图标如图 2-5 所示。

图 2-5　BlackBerry OS 的系统图标

3. Windows Mobile OS

Windows Mobile OS(简称 WM) 是微软针对移动设备而开发的操作系统。该操作系统的设计初衷是尽量接近于桌面版本的 Windows，微软按照电脑操作系统的模式来设计 WM，以使 WM 与电脑操作系统一模一样。WM 的应用软件以 Microsoft Win32 API 为基础。新继任者 Windows Phone 操作系统出现后，Windows Mobile 系列正式退出手机系统市场。2010 年 10 月，微软宣布终止对 WM 的所有技术支持。Windows Mobile OS 的系统图标如图 2-6 所示。

图 2-6　Windows Mobile OS 的系统图标

4. Flyme OS

Flyme OS 是魅族手机的操作系统，旨在为用户提供优秀的交互体验和贴心的在线服务。Flyme OS 作为业内领先的定制安卓系统，凭借强大全面的功能、人性化的操作方式和简约素雅的界面风格，一直被公认为是最优秀的手机操作系统之一。Flyme OS 是魅族为其智能手机倾力开发的创新之作，凝聚了魅族多年来对智能手机用户体验的深度发掘和在其历代操作系统上演进优化的经验和技术实力，力求为魅族手机提供更强大的应用功能和操作感受。最初的 Flyme 1.0 提供了逻辑更清晰、操作线程更短的用户交互，令功能一目了然、易用顺手，系统应用也结合各项快速操作方式而更加智能贴心。Flyme OS 秉承化繁为简，纯简绝俗的设计理念，针对国人使用习惯，将原本复杂的手持终端智能系统，用极简的界面，实现最少步骤内，行云流水般的功能操作。Flyme OS 的系统图标如图 2-7 所示。

图 2-7　Flyme OS 的系统图标

5. Harmony OS

Harmony OS 是华为公司在 2019 年 8 月 9 日于东莞举行华为开发者大会 (HDC.2019) 上正式发布的操作系统，基于微内核，意为和谐。它是一款全新的面向全场景的分布式操作系统，创造了一个超级虚拟终端互联的世界，将人、设备、场景有机地联系在一起，将用户在全场景生活中接触的多种智能终端实现极速发现、极速连接、硬件互助、资源共享，用合适的设备提供场景体验。这个新的操作系统将手机、电脑、平板、电视、工业自动化控制、无人驾驶、车机设备、智能穿戴统一成一个操作系统，并且该系统是面向下一代技术而设计的，能兼容全部安卓应用的所有 Web 应用。

6. Blur OS

Blur OS 是摩托罗拉 (Motorola) 基于谷歌 Android 平台开发的应用界面，除了基本的 Android 特性之外，Blur OS 最突出的特色是注重网络社交功能。Blur OS 已经集成了很多国外知名社交网络的组件，包括 Facebook、Twitter、Gmail、MySpace、Yahoo、Picasa 等，只要用户将 E-mail 与社交网络账户绑定，来自这些社交网络的信息就会自动推送到手机上。

7. Sense OS

HTC 自主研发的 Sense OS，是一款基于 Android 系统研发的智能手机操作系统。

8. Optimus OS

Optimus OS 是基于标准 Android 修改的操作系统。

9. Funtouch OS

Funtouch OS 是 vivo 基于 Android 系统定制的第二方手机操作系统，从 2013 年 10 月发布，始终坚持以用户体验为核心，以"简约·乐趣·智慧"理念为设计导向，历经数年的迭代更新，现已成为用户喜爱、综合体验优秀的智能手机操作系统，是 vivo 智能手机为用户提供高品质服务的坚固基石。

10. Color OS

Color OS 是 OPPO 基于 Android 系统定制的第三方手机操作系统，直观、轻快、简约而富有设计感。Color OS 也是 OPPO 公司力求软硬结合，开拓移动互联网市场的长线产品。

11. MIUI OS

MIUI OS 是小米公司旗下基于 Android 系统深度优化、定制、开发的手机操作系统，能够带给用户更为贴心的 Android 智能手机体验。MIUI OS 是一个基于 CyanogenMod 而深度定制的 Android 流动操作系统，它大幅修改了

Android 本地的用户接口并移除了其应用程序列表 (Application drawer)，加入了大量来自苹果公司 iOS 的设计元素，这些改动也引起了人们把它和苹果 iOS 比较。MIUI OS 亦采用了和原装 Android 不同的系统应用程序，取代了原装的音乐程序、调用程序、相册程序、相机程序及通知栏，添加了原本没有的功能。由于 MIUI OS 重新制作了 Android 的部分系统数据库表并大幅修改了原生系统的应用程序，因此 MIUI OS 的数据与 Android 的数据互不兼容，有可能导致应用程序的不兼容。

本章小结

(1) 智能手机是像个人电脑一样，具有独立的操作系统，用户可以自行安装软件等第三方服务商提供的程序，不断扩充手机的功能，并可以通过移动通信网络来实现无线网络接入的这类手机的总称。它具有无线接入互联网、PDA 功能、开放性操作系统、人性化设计、功能强大以及运行速度快等特点。

(2) 智能手机主要根据其操作系统类型、处理器 / 内存 / 存储空间 / 屏幕 / 摄像头等硬件配置、外观设计等进行分类。

(3) 智能手机硬件由处理器、存储器、输入 / 输出设备、通信模块、电源管理单元、传感器和接口等构成，软件由操作系统、中间件、用户界面和应用软件等构成。

(4). 智能手机的主要参数包括处理器、内存、存储空间、操作系统、屏幕、摄像头、电池、网络连接、其他特性 (防水防尘等级、指纹识别 / 面部识别、音频性能) 等。

(5) 常见的智能手机操作系统主要有 Android 系统、iOS 系统、Windows Phone 系统，其他的操作系统有 symbian OS、BlackBerry OS、Windows Mobile OS、Flyme OS、Harmony OS、Blur OS、Sense OS、Optimus OS、Funtouch OS、Color OS、MIUI OS 等。

本章考核评价

本章考核评价表如表 2-1 所示，包括基本素养 (30 分)、理论知识 (40 分)、实践操作 (30 分) 三个部分。

表 2-1　本章考核评价表

序号	评　估　内　容	自评	互评	师评
基本素养 (30 分)				
1	纪律 (无迟到、早退、旷课)(15 分)			
2	课堂表现能力、沟通能力 (15 分)			
理论知识 (40 分)				
1	掌握智能手机的概念及特点 (4 分)			
2	掌握智能手机的发展历程 (5 分)			
3	掌握智能手机的分类 (6 分)			
4	掌握智能手机的整体硬件构成 (6 分)			
5	了解智能手机的软件构成 (5 分)			
6	掌握智能手机的主要参数 (7 分)			
7	掌握智能手机的主要操作系统 (7 分)			
实践操作 (30 分)				
1	查询自己手机的操作系统类型 (8 分)			
2	查询自己手机的主要参数 (12 分)			
3	查询自己手机的软硬件结构 (10 分)			

本章习题

一、填空题

1. 智能手机具有＿＿＿＿＿＿、＿＿＿＿＿＿、＿＿＿＿＿＿、＿＿＿＿＿＿、功能强大及运行速度快等特点，这些特点使得智能手机成为现代生活中不可或缺的一部分；

2. Android 手机主要分为两大阵营，一是以＿＿＿＿＿＿Android 系统为主阵营，二是以＿＿＿＿＿＿、＿＿＿＿＿＿、＿＿＿＿＿＿等厂商的定制系统为主阵营。

3. 智能手机的硬件配置主要包括＿＿＿＿＿＿、＿＿＿＿＿＿、＿＿＿＿＿＿、＿＿＿＿＿＿、＿＿＿＿＿＿等。

4. 智能手机的硬件主要由＿＿＿＿＿＿、＿＿＿＿＿＿、＿＿＿＿＿＿、＿＿＿＿＿＿

_____电源管理单元、传感器和接口等构成。

5. 智能手机的软件主要包括_____、_____、_____和_____等部分。

6. 智能手机的主要参数有_____、_____、_____、_____、_____、摄像头、电池、网络连接、其他特性。

二、简答题

1. 内存 (RAM) 与存储空间 (ROM) 的作用有何不同?

2. 智能手机屏幕的主要参数有哪些?

3. 智能手机的屏幕类型主要有哪些?

4. 常见的智能手机操作系统主要有 Android 系统、iOS 系统、Windows Phone 系统,其他的操作系统有哪些?

第二部分

知识进阶——终端电路原理篇

第 3 章　移动终端基本电路原理

本章描述

  手机开机时电源电路可将电池电压或充电电压转换成对射频、逻辑/音频及其他各部分电路进行源源不断供电的电压，并可通过充电电路对电池进行充电。手机射频接收电路用于对基站信号进行高放，与本振信号进行下变频、中放、解调等处理。反之，手机射频发射电路用于对数字基带信号进行中频调制、射频调制、功率放大等处理。此外，移动终端基本电路还有手机屏幕与主板 CPU 通信的显示电路、手机卡与主板 CPU 通信的卡电路、主板与输入/输出音频设备通信的音频电路、老式手机的红绿指示灯电路/彩灯电路/键盘灯电路/键盘接口电路等。

本章目标

  (1) 掌握手机直流稳压供电电路的工作原理；

  (2) 掌握手机开机过程；

  (3) 掌握手机电源转换及 B+ 产生电路的工作原理；

  (4) 掌握手机充电电路的工作原理；

  (5) 了解手机接收信号处理流程；

  (6) 掌握手机频率合成电路的作用；

  (7) 了解手机发射信号处理流程；

  (8) 掌握手机音频电路、红绿指示灯电路、彩灯电路、键盘灯电路、键盘接口电路的工作原理；

  (9) 培养学生分析、解决问题的能力，激发学生的创新思维，鼓励学生尝试新的维修方法和技术，提高维修效率和质量。

本章重点

(1) 手机直流稳压供电电路的工作原理；

(2) 手机开机过程；

(3) 手机充电电路的工作原理；

(4) 手机音频电路、键盘灯电路、键盘接口电路的工作原理。

3.1　手机电源电路及充电电路原理

本 节 导 入

　　手机电源电路是手机的心脏。开机时，手机电源电路将电池电压转换成多个电压，源源不断地向手机各部分电路供电，那么手机是如何开机的？又是如何通过电源电路产生各部分供电电压的呢？随着手机电池电量的减少，此时手机必须充电，那么充电器是如何对其充电的呢？这些都是本节将要介绍的内容。

3.1.1　手机电源电路原理案例分析

1. V60 手机直流稳压供电电路分析

V60 手机电源直流稳压供电电路主要由 U900 及外围电路构成，由 B+ 送入的电池电压在 U900 内经变换产生多组不同要求的稳定电压，分别供给不同的部分使用，如图 3-1 所示。

直流稳压供电电路各部分供电情况如下：

(1) RF_V1、RF_V2 和 VREF 主要供中频 IC 及前端混频放大器使用；

(2) V1(1.875V) 由 V_BUCK 提供电源，主要供 Flash U701 使用；

(3) V2(2.775V) 由 B+ 提供电源，主要供 U700 CPU、音频电路、显示屏、键盘及红绿指示灯等其他电路使用；

(4) V3(1.875V) 由 V_BUCK 提供电源，主要供 U700、Flash U701 及两个 SRAM (U702、U703) 等使用；

(5) VSIM(3V/5V) 由 VBOOST 提供电源，主要为 SIM 卡供电；

(6) 5V 由 VBOOST 提供电源，由 DSC PWR 输出，主要供 DSC 总线、13 MHz/800 MHz 二本振和 VCO 电路使用；

(7) PA_B+(3.6V) 供功率放大电路使用；

(8) ALERT_VCC 为背景彩灯及振铃、振子供电。

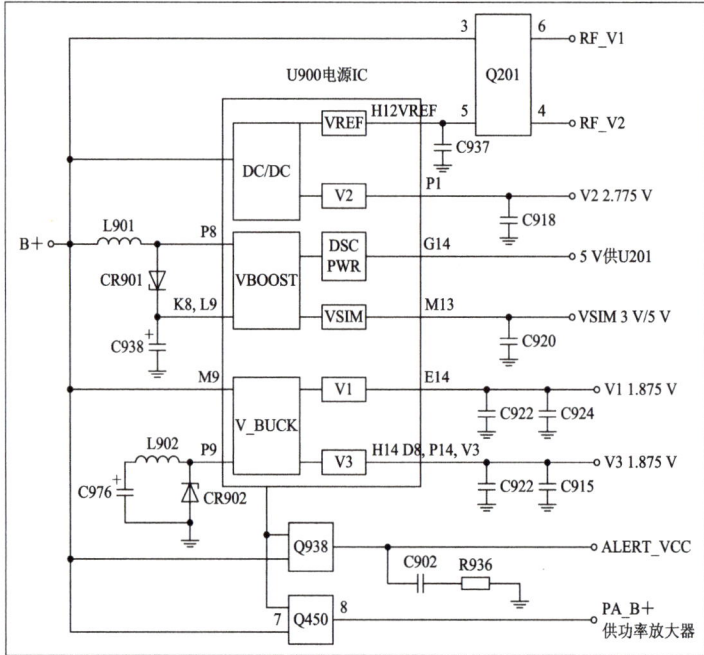

图 3-1　V60 型手机直流稳压供电电路原理图

2. V60 手机开机过程电路分析

V60 手机开机过程电路分析情况如下：

(1) 手机加上电源后，由 Q942 送 B+ 电压给 U900，并给 J5、D6 脚，准备触发高电平。当此触发电平由高变低时，U900 被触发工作，供出各路供电电压。

(2) 当按下手机开关机按键或插入尾部连接器时，R804 或 R865 把 U900 的 J5、D6 脚通过开关机按键、尾部连接器接地后，U900 的 J5、D6 脚的高电平被拉低，相当于触发 U900 工作，供出各路射频电源、逻辑电源及 RST 信号。

(3) U900 内部 VBOOST 开关调节器，首先通过外部 L901、CR901、C934 共同产生 VBOOST 5.6V 电压，此电压再送回 U900 的 K8、L9 脚。V_BUCK 也是开关调节电路输出，由 CR902、L902 等共同组成。在 VBOOST 和 V_BUCK 两路电压的作用下，内部稳压电路分别产生多路供电。

(4) 当射频部分获得供电时，由 U201 中频 IC 和 Y200 晶振 (26 MHz) 组成的 26 MHz 振荡器工作，产生 26 MHz 频率，经过分频产生 13 MHz 频率后，再经 R213、R713 送 CPU U700 作为主时钟。

(5) 当逻辑部分获得供电及时钟信号、复位信号后，开始运行软件，软件运行通过后送维持信号给 U900 维持整机供电，使手机维持开机。

V60 型手机开机过程电路原理图如图 3-2 所示。

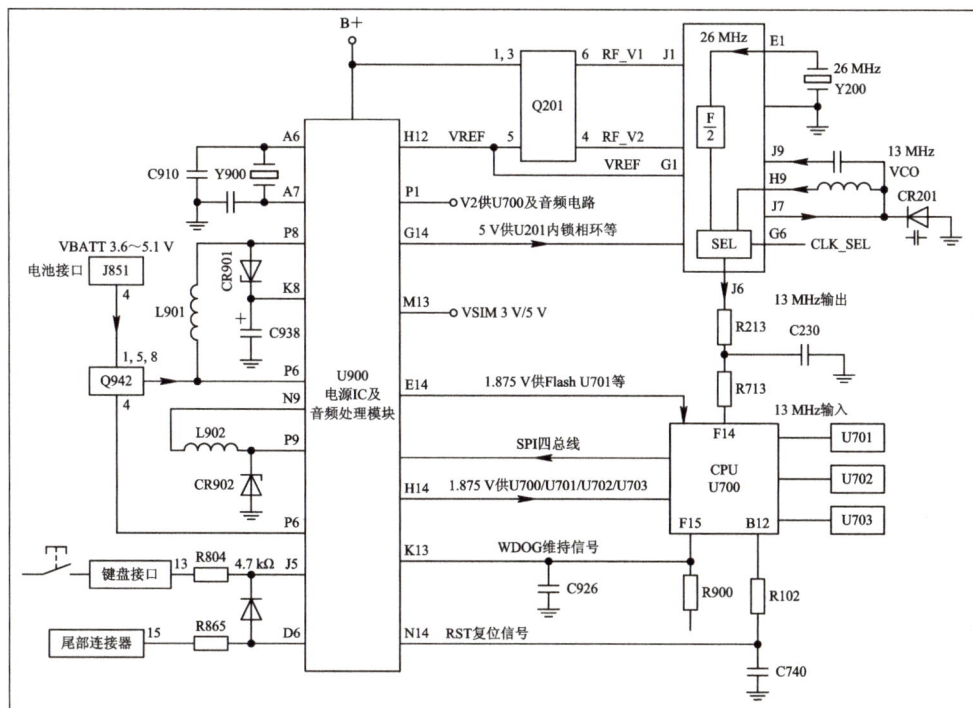

图 3-2　V60 型手机开机过程电路原理图

3. V60 手机电源转换及 B+ 产生电路分析

电源转换电路主要由 Q945 和 Q942 组成，其作用是设置机内电池和话机底部接口的外接电源 EXT_BATT 的使用状态，由电源转换电路确定供电的路径，其电路原理图如图 3-3 所示。

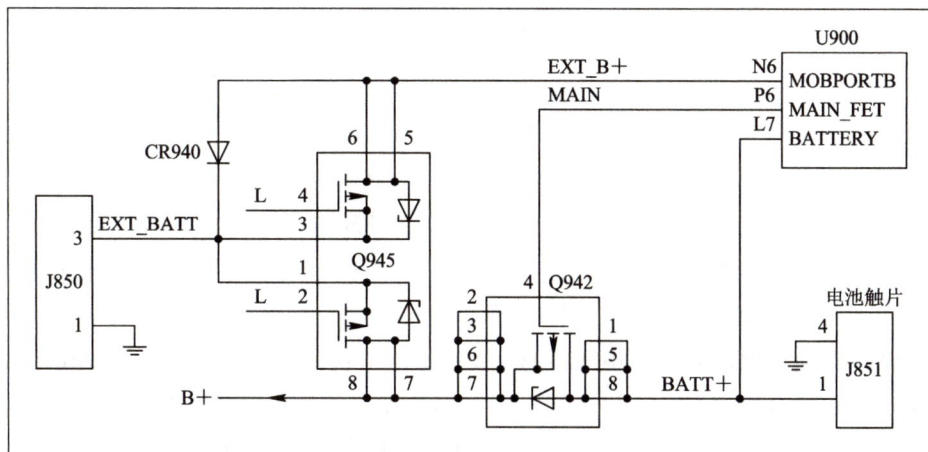

图 3-3　V60 型手机电源转换及 B+ 产生电路原理图

V60 手机由主电池 VBATT 或外接电源 EXT_B+ 提供电源。

当话机使用机内电池供电而没有加上外接电源时，机内电池内 J851(电池触片) 第 1 脚送入 Q942 的第 1、5、8 脚。由于 Q942 是一个 P 沟道的场效应管，当第 4 脚为低电平时 Q942 导通，此时主电池给 Q942 的第 2、3、6、7 脚提供 B+ 电压。

当话机接上外接电源时，由底部接口 J850 的第 3 脚送入 EXT_BATT(最大为 6.5V)，输入到 Q945 的第 3 脚。Q945 是由两个 P 沟道的场效应管组成的，正常工作时，Q945 的第 4 脚为低电平，第 3 脚即与第 5、6 脚导通产生 EXT_B+，并经过 CR940 送回 Q945 的第 1 脚。由于 Q945 的第 2 脚为低电平，所以其第 1 脚便通过第 7、8 脚向话机供出 B+，同时 EXT_B+ 也供到 U900 电源 IC，并通过 U900 置高 Q942 的第 4 脚电平，使 Q942 截止，从而切断主电池向话机供电的路径。

3.1.2　手机充电电路原理案例分析

1. V60 手机充电电路分析

V60 手机的充电电路主要由 Q932、U900 和 Q945 等组成。其电路原理图如图 3-4 所示。

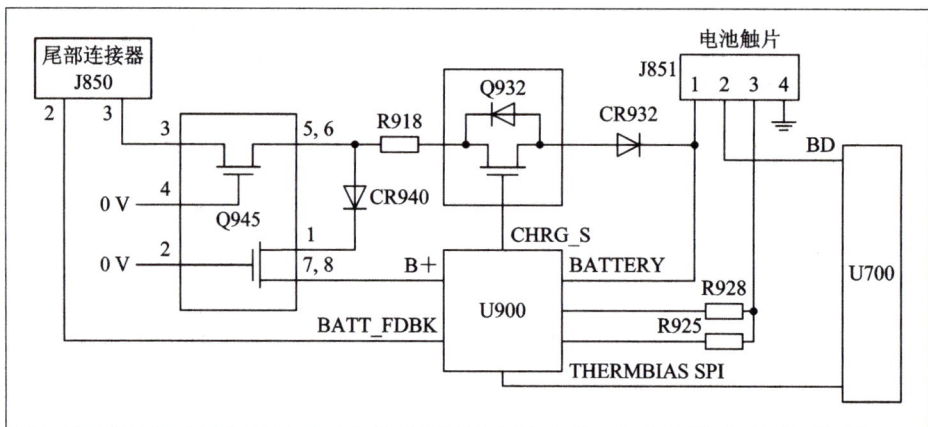

图 3-4　V60 型手机充电电路原理图

当 V60 型手机插入充电器后，尾部连接器 J850 由第 3 脚将 EXT_BATT 送到 Q945，从 Q945 经过充电限流电阻 R918 送到充电电子开关管 Q932，当手机判别是充电器后，U700 通过 SPI 总线向 U900 发出充电指令，使 Q932 导通，并通过 CR932 向电池充电。此充电电压经 BATTERY 被取样回 U900 内部，由 U900 判别充电电压后从 BATT_FDBK 脚向充电器发出指令，使充电器输出 EXT_B+ 电压始终高于 BATTERY 1.4 V。电池触片第 2 脚接 U700，用来识别电池的类型。电池触片第 3 脚通过 R925 和热敏电阻 R928 分压后，提供给 U900，并通过 SPI 总线由

CPU 完成对电池温度的检测。

2. 诺基亚 3310 手机充电电路分析

诺基亚 3310 手机的充电控制电路原理图如图 3-5 所示。

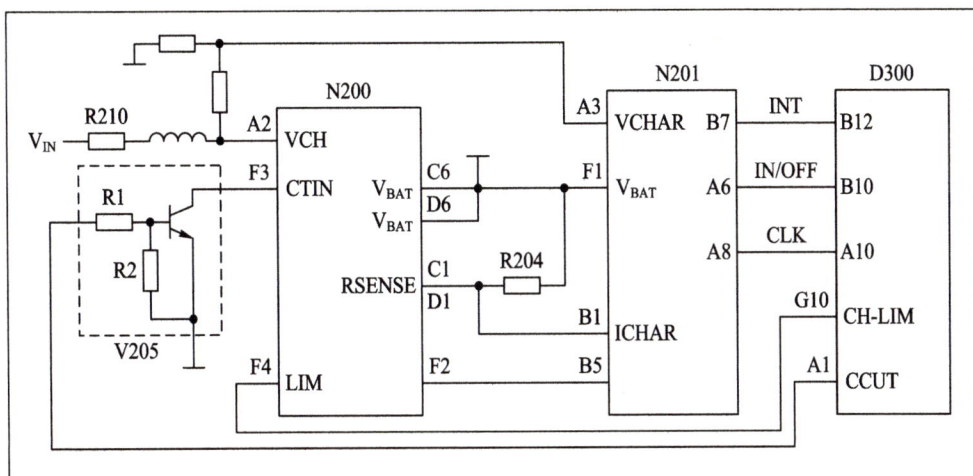

图 3-5　诺基亚 3310 手机充电控制电路原理图

诺基亚 3310 手机的充电电路主要由充电控制模块 N200、电源模块 N201 及中央处理器 D300 组成。当充电电源插入手机时，充电电压直接送到充电控制模块 N200 的 A2 脚，同时电源模块 N201 检测到充电电压已送入手机，并把此信号送到中央处理器 D300，然后 D300 送出控制信号到电源模块 N201，令其从 B5 脚 (PWM) 送出 1 Hz 的脉冲到充电控制模块 N200 的 F2 脚，让其内部的充电开关合上，从 C6、D6 脚送出充电电压，对电池进行充电。当 PWM 信号为高电平时，N200 内部的 SWITCH(充电开关) 合上，对电池进行充电；当 PWM 信号为低电平时，SWITCH 处于分离状态，N200 停止对电池充电。在充电的过程中，电源模块 N201 通过检测电阻 R204 两端的电压差来判断电池是否已经充满电。当 N201 判断电池已充满电时，它会送出信号到中央处理器 D300，然后 D300 送出控制信号到电源模块 N201，让其停止送出 PWM 充电信号，从而令充电控制模块 N200 内的 SWITCH 分离，停止对电池进行充电。

如果充电电压过高，就会对手机构成危险。诺基亚 3310 型手机设有保护电路，手机开机后或在充电状态下，中央处理器 D300 送出充电电压限幅控制信号 (CH-LIM) 到充电控制模块 N200 的 F4 脚。此信号用于检测充电电压是否过高，当充电电压过高时，此信号变为低电平，被中央处理器 D300 检测到后，会马上送出中断信号，通过开关管 V205，令 N200 内的充电开关分离，停止对电池充电。

3.2 手机接收电路和频率合成电路原理

本 节 导 入

手机接收电路用于对基站发给手机的信号进行高频放大、下变频、中频放大、中频解调等。手机频率合成电路用于产生可变化的本振频率，使手机的接收和发射本振频率能跟随基站的发射信号频率变化而变化。

3.2.1 手机接收电路原理案例分析

1. V60 手机接收总电路分析

V60 型手机是一款三频中文手机，具有"通用无线分组服务"(GPRS) 功能和"无线应用协议"(WAP) 功能，既可以工作于 GSM 900 MHz 频段，也可以工作于 DCS 1800 MHz 和 PCS 1900 MHz 频段。它的接收机采用超外差下变频接收方式，如图 3-6 所示。

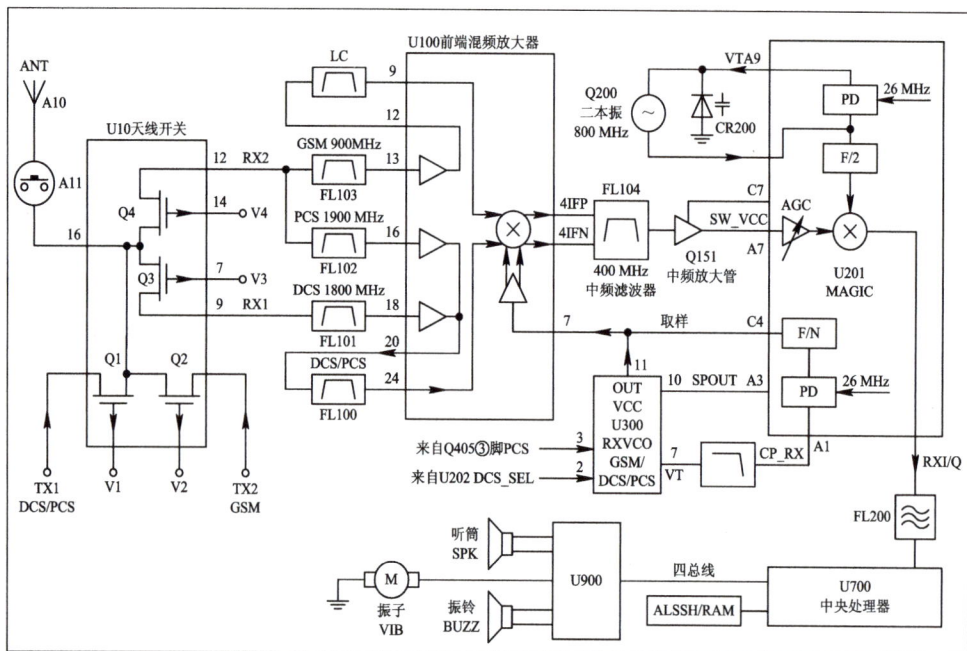

图 3-6 V60 型手机接收部分电路原理图

2. 频段转换及天线开关 U10 分析

V60 是一款三频手机，U10 将收发和频段间转换集成到了一起，其内部是由四个场效应管组成的，如图 3-7 所示。

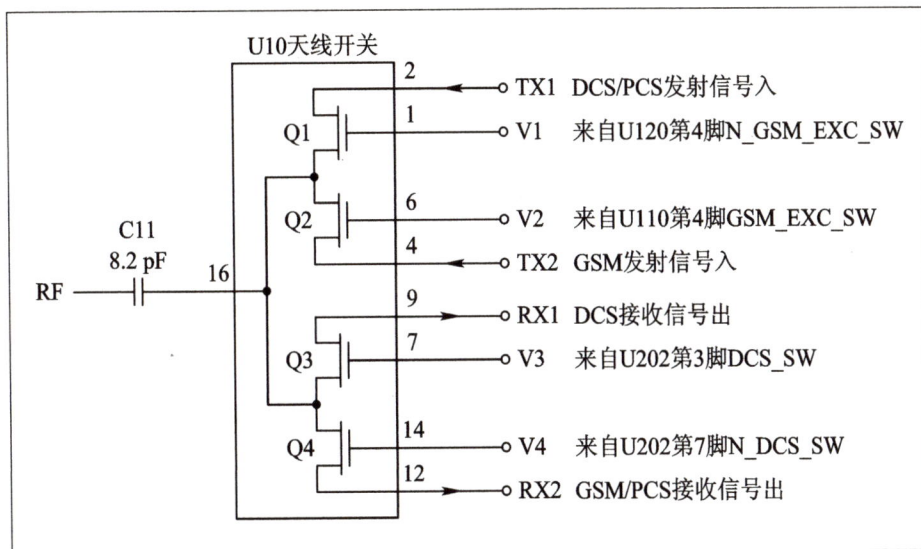

图 3-7　V60 型手机天线开关 U10 内部组成

3. 高频滤波电路分析

V60 型手机高频滤波电路原理图如图 3-8 所示。天线接收的射频信号从天线开关 U10 的 9 脚 (RX1)、12 脚 (RX2) 输出，经过 FL101、FL102、FL103 滤波后进入接收前端混频放大器模块 U100。

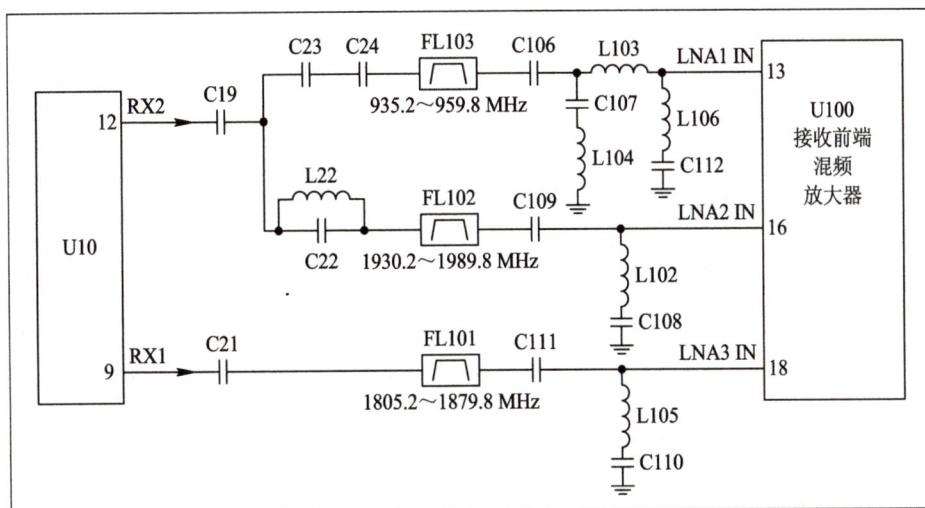

图 3-8　V60 型手机高频滤波电路原理图

4. 高放 / 混频模块 U100 及中频选频电路分析

V60 机型一改以往机型前端电路采用分立元件的做法，把高频放大器和混频器集成在一起，U100 支持三个频段的低噪声放大和混频，U100 的电源为 RF_V2，L107、L109、R102、C118、C119、L108、L114、FL164 组成中频选频电路，其中 FL164 为中频选频滤波器，其电路原理图如图 3-9 所示。

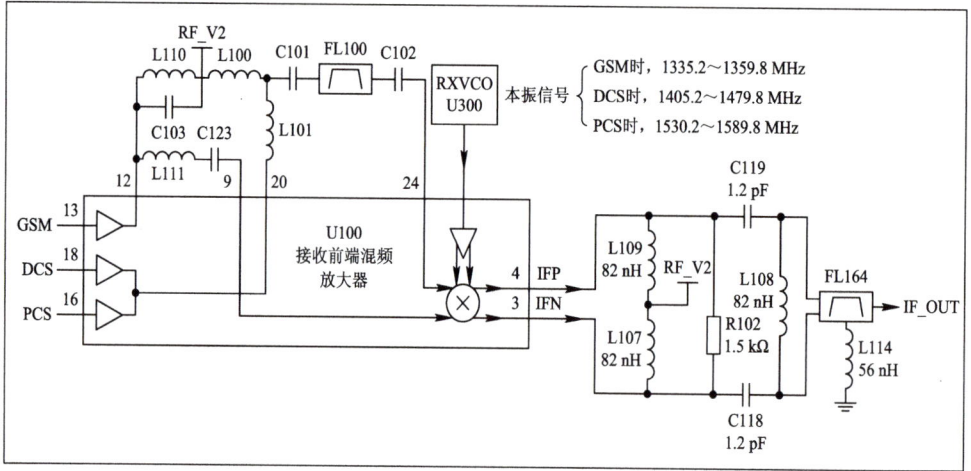

图 3-9　V60 型手机高放 / 混频模块 U100 及中频选频电路原理图

5. 中频放大电路与中频双工模块 U201 分析

中频放大器是为了隔离混频器输出 (FL 104) 与中频双工模块 U201，同时提供部分增益，以获得很好的接收特性。其电路原理图如图 3-10 所示。

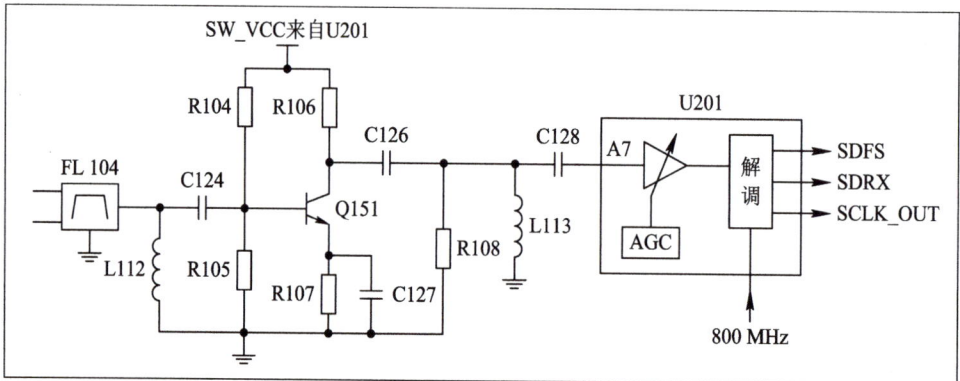

图 3-10　V60 型手机中频放大电路与中频双工模块 U201 电路原理图

3.2.2　手机频率合成电路原理案例分析

1. 频率合成器

V60 手机的频率合成器专为话机提供高精度的频率，它采用锁相环 PLL 技术，

主要由接收一本振、接收二本振和发射 TXVCO 等组成。其电路原理图如图 3-11
所示。

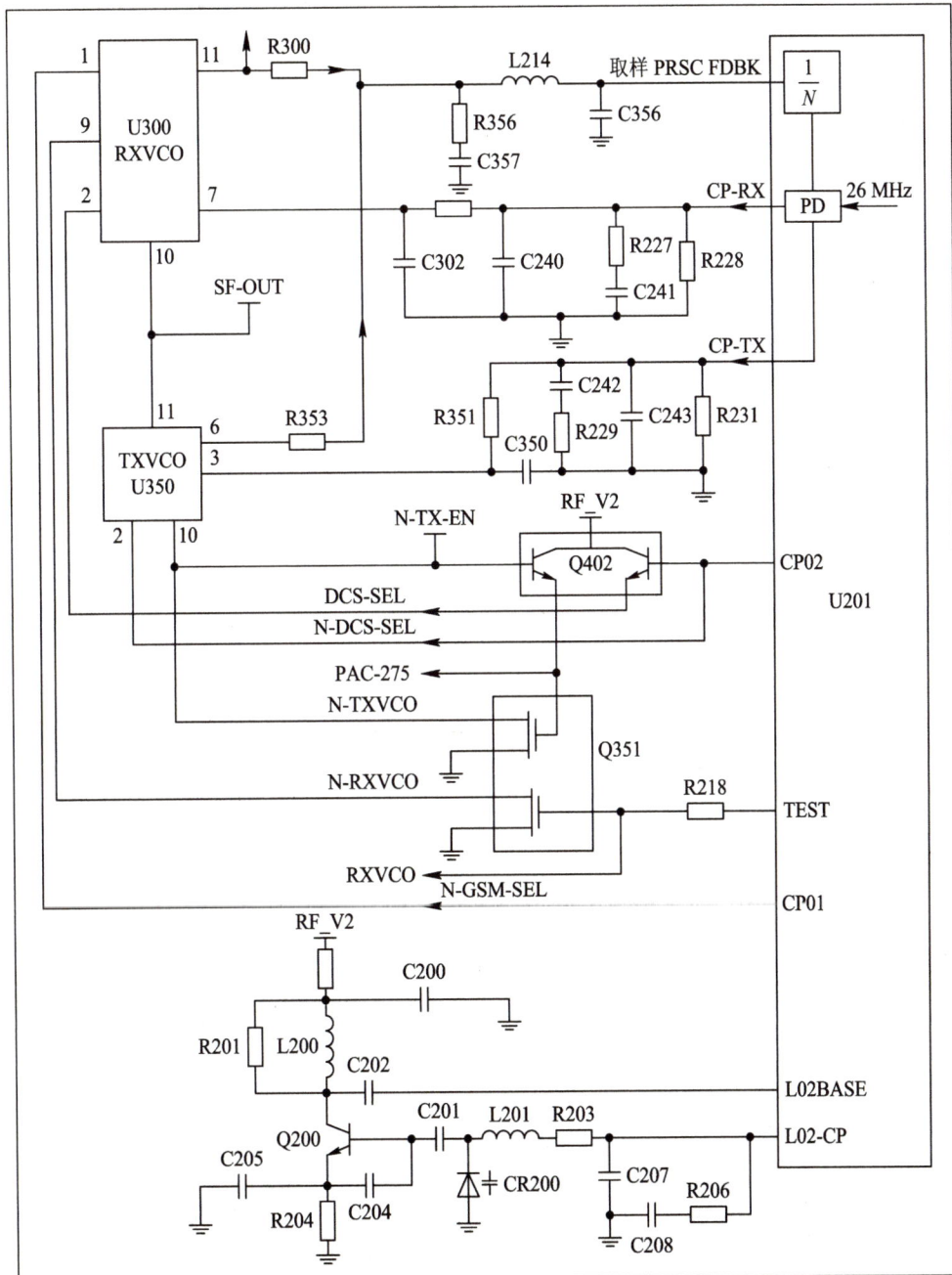

图 3-11　V60 型手机频率合成器电路原理图

2. 接收一本振 RXVCO U300 与发射 TXVCO U350

V60 手机接收一本振电路原理图如图 3-12 所示。

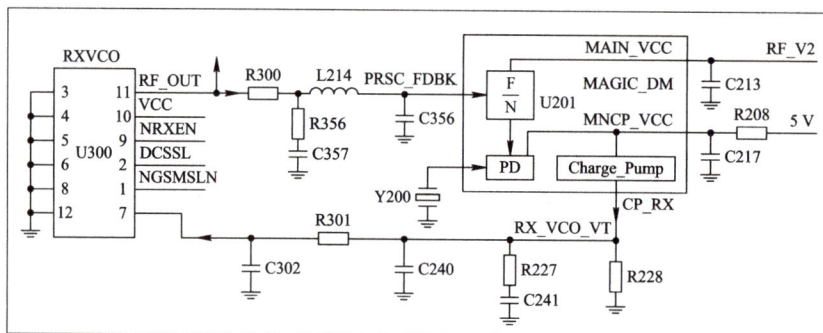

图 3-12　V60 型手机接收一本振电路原理图

发射 TXVCO 电路原理图如图 3-13 所示。

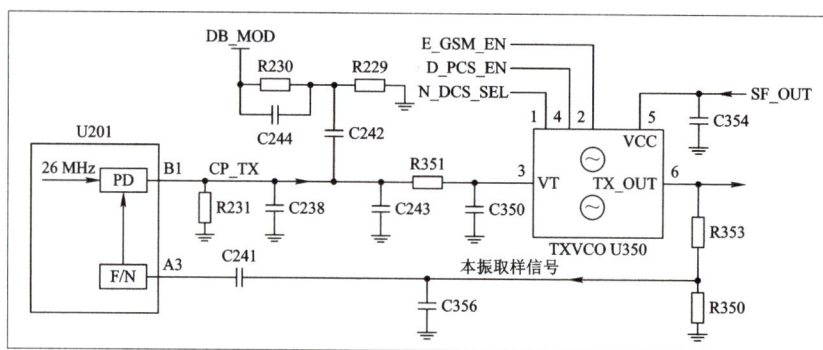

图 3-13　V60 型手机发射 TXVCO 电路原理图

U201 内部分频器的工作电源是 RF_V2，鉴相器、充电泵的工作电压是 5 V；RXVCO U300 与发射 TXVCO U350 的工作电源是 SF_OUT，它们的控制信号来自 Q402、Q351 和 U201。

3. 接收二本振电路

V60 手机的 800 MHz 频率二本振产生电路是以 Q200 为中心的经过改进的考比兹振荡器 (三点式)，R206、C208 和 C207 则构成环路滤波器。分频鉴相器在 U201 内部，RF_V2 是 Q200 的工作电源，分频器件和鉴相器的工作电源是 5 V 和 RF_V1。V60 型手机接收二本振电路原理图如图 3-14 所示。

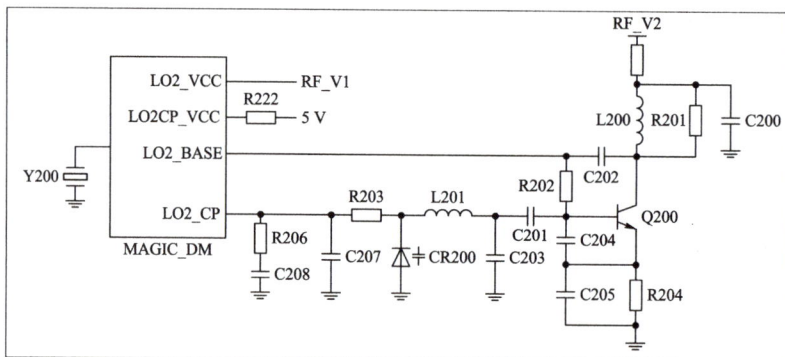

图 3-14　V60 型手机接收二本振电路原理图

3.3 手机发射电路原理

本节导入

手机的发射电路主要用于对数字调制后的数字基带信号进行中频调制、发射射频调制、功率预放大、功率放大、发射滤波、功率采样和功率控制等，下面通过 V60 手机来分析说明手机发射电路的原理。

3.3.1 手机发射射频电路原理案例分析

1. 发射部分总电路分析

发射部分电路原理图如图 3-15 所示。其中 U350 TXVCO 内部有两个振荡器：一个专用于 GSM 频段，产生 890.2 ~ 914.8 MHz 的频率；另一个专用于 DCS/PCS 频段，产生 1710.2 ~ 1909.8 MHz。

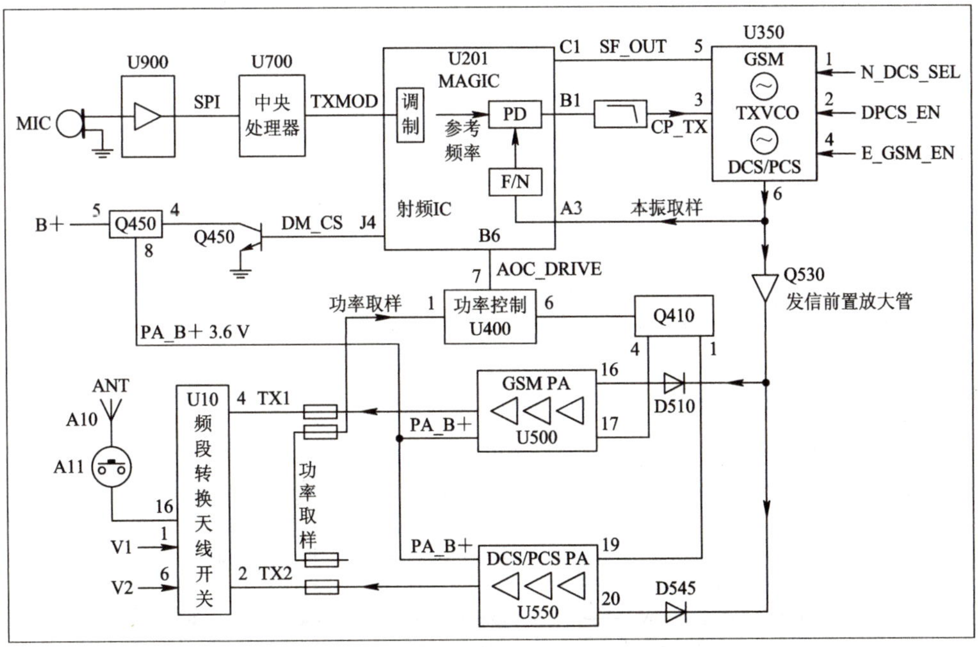

图 3-15　V60 型手机发射部分电路原理图

2. 发信前置放大电路分析

V60 手机设有发信前置放大电路，如图 3-16 所示。该电路以 Q530 为核心，是典型的共射极放大器，由 EXC_EN 为其提供偏置电压。

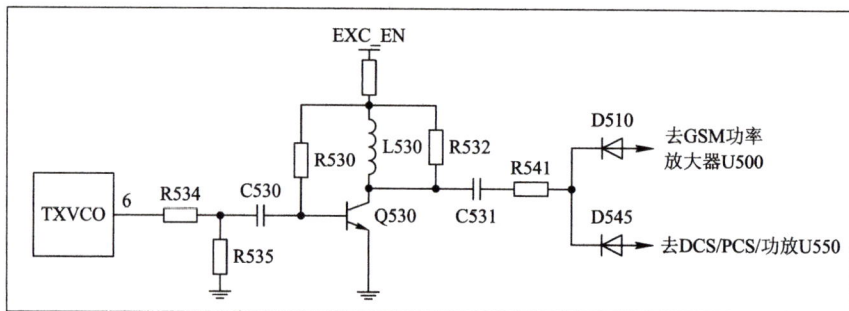

图 3-16　V60 型手机发信前置放大电路原理图

3. 末级功率放大及功率控制电路分析

1) GSM PA U500

GSM PA 为 GSM 900 MHz 频段功率放大器，其电路原理图如图 3-17 所示。U400 的 7 脚为基站对终端累计进行功控处理后的自动功率控制信号，与从 U400 的 1 脚输入的终端发射功率采样信号在 U400 模块内进行功率误差比较，U400 的 6 脚输出控制功率放大器放大倍数的功率控制信号。U500 的 16 脚为 GSM 900 MHz 频段高频已调制信号输入端，GSM_EXC_EN 为 GSM 900 MHz 频段功控输出通道切换控制信号，为 1 时，Q410 双开关三极管其中一个三极管饱和，功率控制信号从 U400 的 6 脚输出后，经过 Q410 的 3 脚 /4 脚，到达 U500 的 14 脚，控制 900 MHz 频段发射射频信号的功率放大倍数，经过功率放大的 900 MHz 频段发射射频信号经过 C18、U10 的 4 脚、U10 天线开关，从 U10 的 16 脚输出到 ANT 天线进行信号发射。

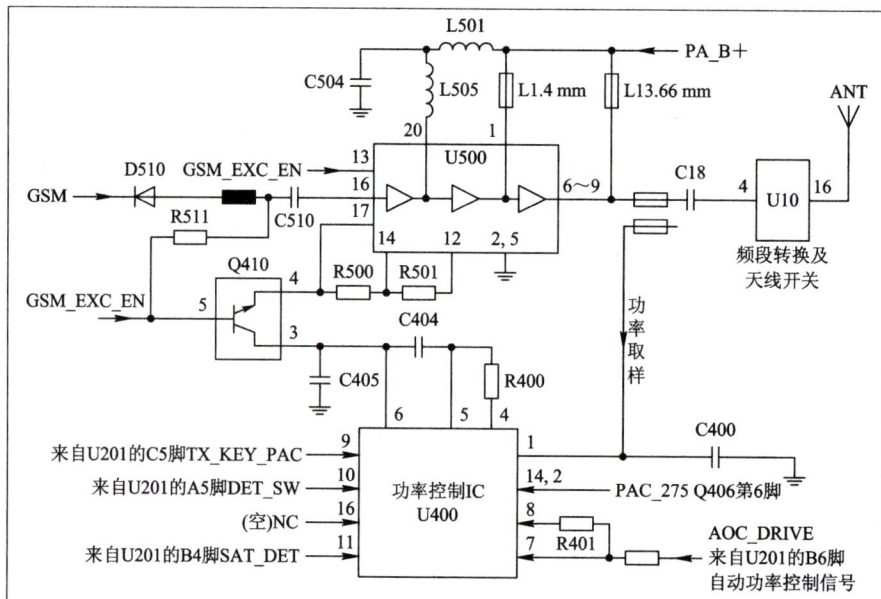

图 3-17　V60 型手机 GSM 频段末级功率放大及功率控制电路原理图

2) DCS/PCS PA U550

如图 3-18 所示，DCS/PCS PA 为 DCS 1800 MHz 频段及 PCS 1900 MHz 频段的功率放大器，DCS/PCS PA 功率放大器 U550 内共有三级放大，每级放大器均由 PA_B+ 通过电感或微带线供电。U400 的 7 脚为基站对终端累计进行功控处理后的自动功率控制信号，与从 U400 的 1 脚输入的终端发射功率采样信号在 U400 模块内进行功率误差比较，U400 的 6 脚输出控制功率放大器放大倍数的功率控制信号。U550 的 20 脚为 DCS 1800 MHz/PCS 1900 MHz 频段高频已调制信号输入端，DCS/PCS_EXC_EN 为 DCS 1800 MHz/PCS 1900 MHz 频段功率控制输出通道切换控制信号，为 1 时，Q410 双开关三极管其中一个三极管饱和，功率控制信号从 U400 的 6 脚输出后，经过 Q410 的 6 脚 /1 脚，到达 U550 的 19 脚，控制 1800/1900 MHz 频段发射射频信号的功率放大倍数，经过功率放大的 1800/1900 MHz 频段发射射频信号经过 C540、U10 的 2 脚、U10 天线开关，从 U10 的 16 脚输出到 ANT 天线进行信号发射。

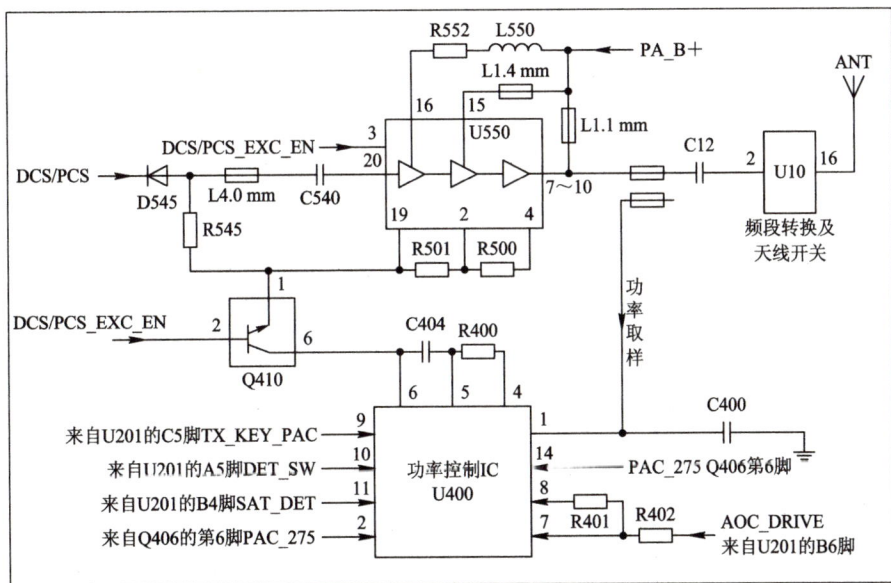

图 3-18　V60 型手机 DCS/PCS 频段末级功率放大及功率控制电路原理图

3.3.2　手机功率放大器供电电路原理案例分析

V60 手机末级功率放大电路供电电压为 PA_B+，电压波形为方波，其电压产生电路原理图如图 3-19 所示。图 3-19 中，B+ 为 V60 手机电池电压和充电电压的电源转换输出电压；DM_CS 为来自 U201 中频模块 J4 脚输出的功率放大器电源供电电源 PA_B+ 高低切换控制开关信号；Q450 为 B+ 电源转换成 PA_B+ 电源的通断控制开关，当 DM_CS 为高电平时，Q451 饱和，Q451 的集电极为 0，Q450 的 4 脚为 0，Q450 的 7 脚与 Q450 的 1 脚连通，PA_B+ 为高电平，反之，PA_B+ 为低电平。

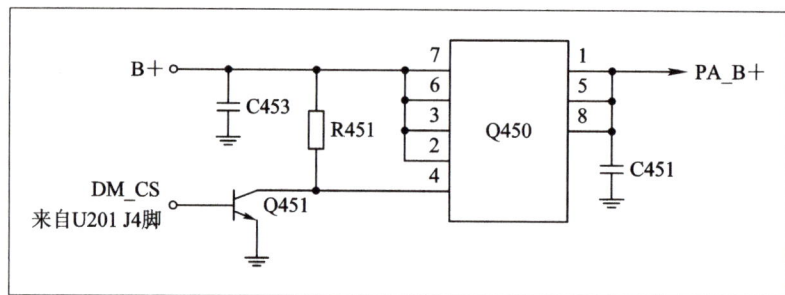

图 3-19　V60 型手机功率放大电源 PA_B+ 产生电路原理图

3.4　手机显示电路、卡电路原理

本 节 导 入

　　手机显示电路是指手机 CPU 将显示信号通过显示控制线、数据线、电源线等加到显示屏，从而得到显示的电路。手机卡电路是手机卡通过各管脚与手机主板的 CPU 或电源处理芯片进行工作电压、工作时钟和信号交换的电路。下面通过 V60 手机来分析说明手机显示电路、手机卡电路的原理。

3.4.1　手机显示电路原理案例分析

　　V60 手机的显示电路使用了 BB_SPI 总线，BB_SPI_CLK 是其时钟，SPI_D_C 和 DISP_SPI_CS 为总线控制信号，显示数据从 BB_MOSI 传输，它们由连接器 J825 连接到翻盖的液晶驱动器上，如图 3-20 所示。这类连接线由于所需传输线路少，主显示解码驱动电路集成在上盖内，这样排线很少出问题。图 3-20 中，V2、V3 为翻盖板提供电源。

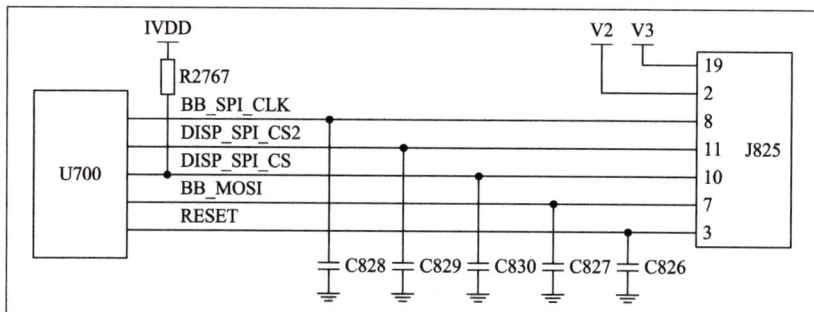

图 3-20　V60 型手机显示电路原理图

显示接口 J825 负责翻盖与主板的连接，共 22 个引脚，其中包括显示、彩灯、听筒、备用电池等的连接，如图 3-21 所示。

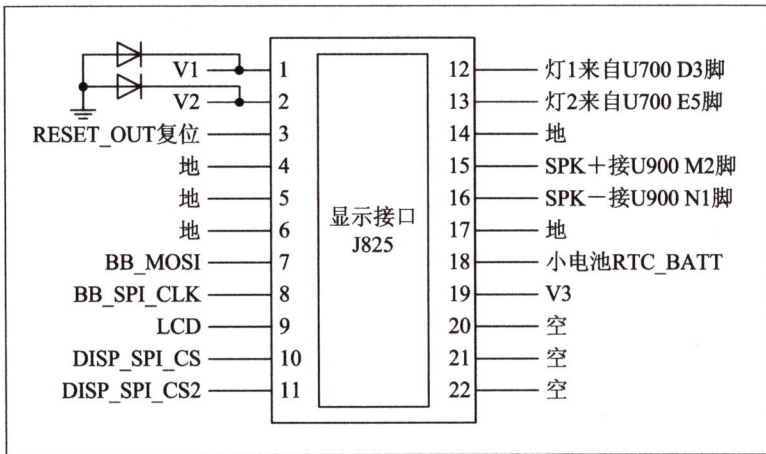

图 3-21　V60 型手机显示接口电路原理图

3.4.2　手机卡电路原理案例分析

VSIM 为 SIM 卡提供电源，VSIM_EN 是 SIM 卡的驱动使能信号，由 U700 发出，在 VSIM_EN 和 U900 内部逻辑的控制下，U900 内部场效应管将 V_BOOST 转化成 VSIM。VSIM 的电压可以通过 SPI 总线编程设置为 3 V 或 5 V。SIM_I/O 是 SIM 卡和 CPU U700 的通信数据输入 / 输出端，在 SIM CLK 时钟的控制下，SIM_I/O 通过 U900 与 CPU 通信。LS1_OUT_SIM_CLK 是 SIM 卡的时钟，它由 U900 将 U700 发出的 SIM_CLK 经过缓冲后得到；LS2_OUT_SIM_RST 为 SIM 卡的 RESET 复位信号，它由 U900 将 U700 发出的 SIM_RST 经过缓冲后得到。手机卡电路原理图如图 3-22 所示。

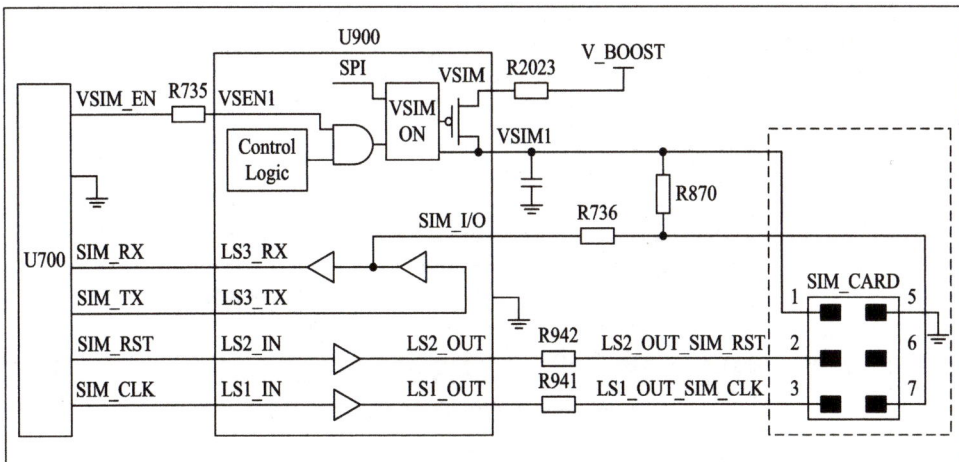

图 3-22　V60 型手机 SIM 卡电路原理图

3.5 手机其他电路原理

本 节 导 入

　　手机其他工作电路包括音频电路、红绿指示灯电路、彩灯电路、键盘灯电路、键盘接口电路等。下面将通过 V60 手机来分析说明手机其他电路的原理。

3.5.1 音频电路原理案例分析

　　V60 手机的音频电路包括 U900、听筒、MIC 话筒、振铃、振子等。其电路原理图如图 3-23 所示。

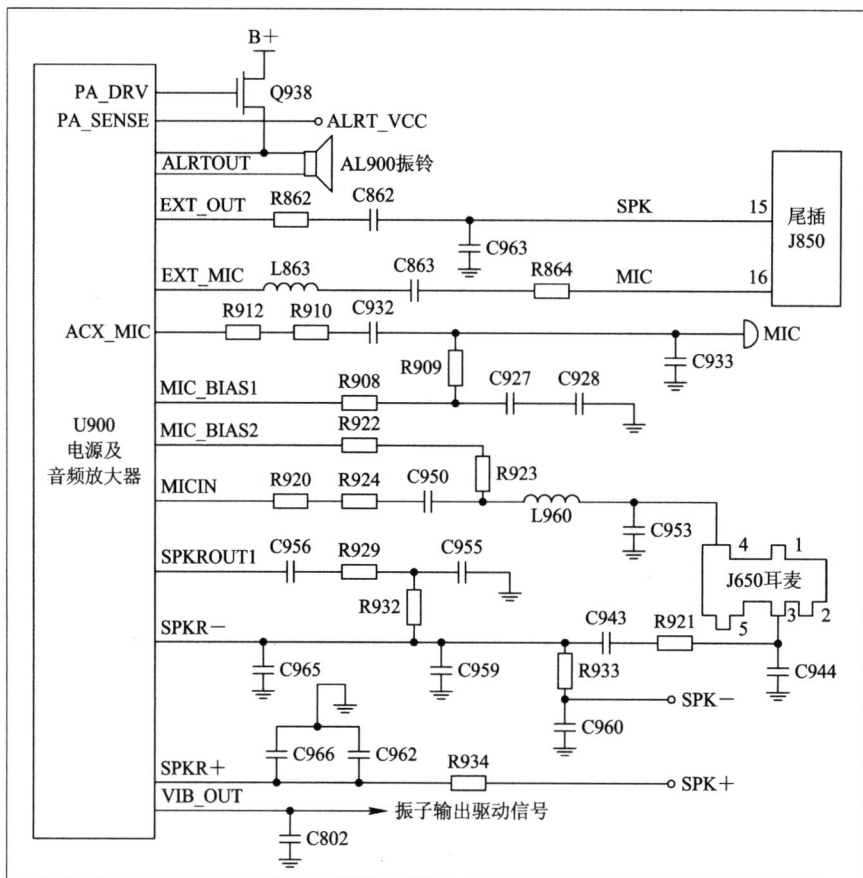

图 3-23　V60 型手机音频电路原理图

1. 听筒

V60 手机有三种听筒模式可供用户选择。

当数字音频信号在 CPU 和 SPI 总线的控制下传输给 U900 时，经过 D/A 转换器转换成模拟语音信号，由内部语音放大，放大量由 SPI 总线控制。

当用户使用机内听筒时，由 SPK+、SPK- 接到听筒。

当使用外接耳机时，接到耳机座 J650 的 3 脚。

当使用尾插时，由 EXT_OUT 经过 R862 和 C862 送尾插 J850 的 15 脚。

2. MIC 话筒

V60 手机同样支持用户使用机内话筒、耳机和尾插三种话筒模式。由机内话筒或耳麦输入的音频信号在 U900 内放大后，在同一时刻有一路被选通，哪一路选通由 SPI 总线决定。MIC_BIAS1 和 MIC_BIAS2 为电路提供偏置电压，同样，偏压的开启、关闭也由 SPI 总线选择，而偏压的存在与否也决定了哪一路被选通，被选通的信号经过 U900 内部放大、编码 (A/D)，通过四线串口送给 CPU 进一步数字化处理后，再送中频电路调制。

3. 振铃

振铃供电 ALRT_VCC 是在 U900 电源 IC 的控制下由 Q938 产生的。Q938 是 P 沟道场效应管，U900 通过控制 Q938 的栅极电压来控制其导通状态，而 Q938 输出的电压 ALRT_VCC 通过 PA_SENSE 反馈回 U900 完成反馈的控制过程，从而使铃音更悦耳、动听。

4. 振子

在电源 IC 内部有一个振子电路，它的输入电压为 ALRT_VCC，从 VIB_OUT 输出 1.3 V 去驱动振子。

3.5.2　红绿指示灯电路原理案例分析

图 3-24 为 V60 型手机红绿指示灯电路原理图。

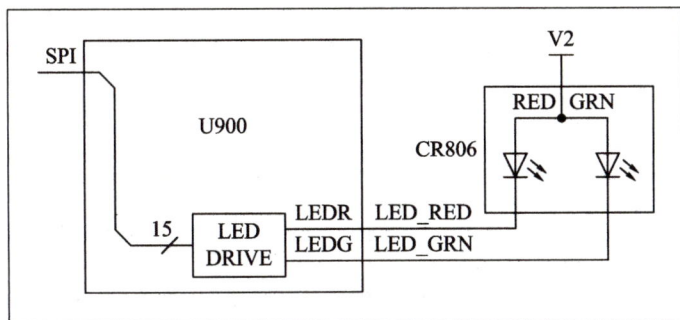

图 3-24　V60 型手机红绿指示灯电路原理图

指示灯的红色发光二极管和绿色发光二极管由 U900 的两个管脚分别控制，当需要开启时，U900 将控制脚电平拉低形成电流后，所对应的二极管发光工作。

✎ U900 的 LED_RED 和 LED_GRN 是指示灯的使能信号，当 LED_RED 电平拉低时，对应的 CR806 中 RED 导通，从而点亮红色指示灯。当 LED_GRN 拉低时，对应的 CR806 中 GRN 导通，从而点亮绿色指示灯。

3.5.3 彩灯电路原理案例分析

V60 手机的彩灯设有两种颜色，由 ALERT_VCC 为其提供电源，Q1、Q2 为两个场效应管，分别控制红色和绿色彩灯，R1 和 R2 为限流电阻，如图 3-25 所示。当 U700 发出 RED_EN 使 Q1 导通时，红色彩灯开启；当 U700 发出 GRN_EN 使 Q2 导通时，绿色彩灯开启。

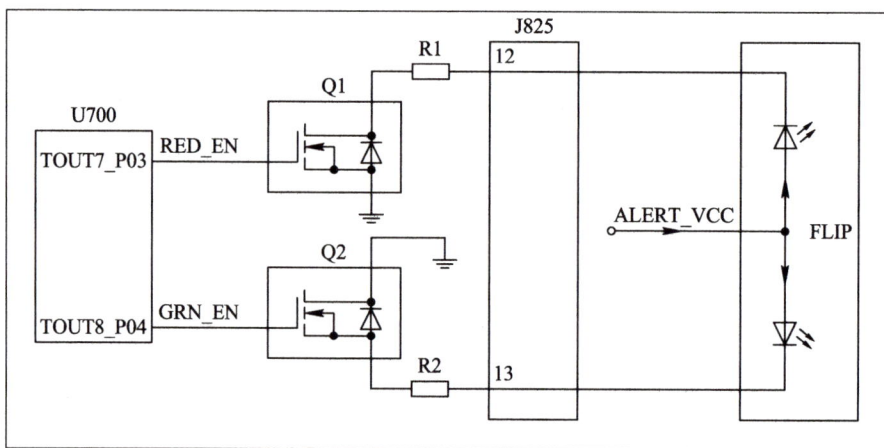

图 3-25　V60 型手机彩灯电路原理图

3.5.4 键盘灯电路原理案例分析

U900 中有一个 NMOS 管用于控制手机的键盘灯。ALRT_VCC 作为键盘灯的电源，提供给键盘灯正极，并通过电阻 R939、R938 与 U900 内的 NMOS 管连接。NMOS 的栅极通过 SPI 总线由软件控制其导通与否。键盘灯电路原理图如图 3-26 所示。

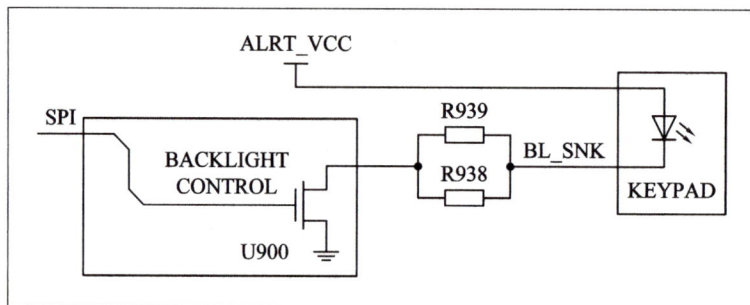

图 3-26　V60 型手机键盘灯电路原理图

3.5.5　键盘接口电路原理案例分析

J800 用于连接键盘与主板，共有 14 个引脚，其第 13 脚接开关机按键，如图 3-27 所示。J800 各引脚的功能如下：

(1) 第 1 脚接地；

(2) 第 2、4 脚为振铃供电；

(3) 第 3 脚为背景灯控制；

(4) 第 5 脚为磁控管；

(5) 第 6 ～ 12 脚为键盘线；

(6) 第 13 脚为开机线；

(7) 第 14 脚为 V2。

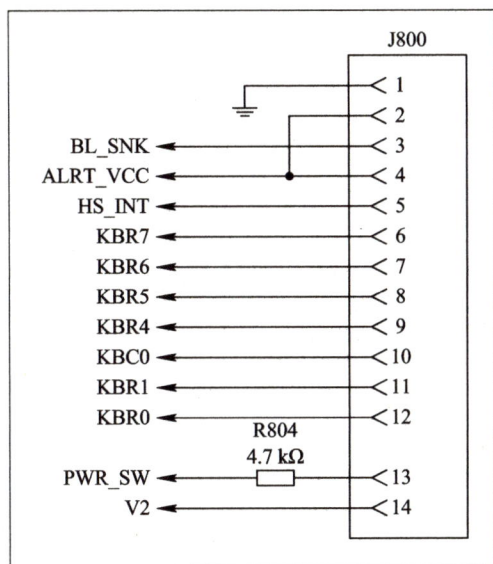

图 3-27　V60 型手机键盘接口电路原理图

📶 本章小结

1. 手机电源电路将电池电压转换成多个电压，分别给射频部分电路、逻辑／音频部分电路等供电；电源转换电路用于将电池电压、充电电压转换成 B+ 电压；手机充电电路用于控制手机机内电池的充电。

2. 手机频率合成电路用于产生接收高频下变频、接收中频解调、发射中频调制、发射高频调制的本振信号。

3. 手机发射电路主要包括发射中频调制、发射射频调制、功率预放大、功率放大、发射滤波、功率采样和功率控制等电路。

4. 手机显示电路用于控制 CPU 输出的文字、视频、图片等信息在液晶屏的显示，手机卡电路用于实现手机卡与手机主板中的 CPU 通信。

5.手机音频电路用于话筒音频输入、音频输出到听筒、免提音频输出、振铃、振动等。

6.手机红绿指示灯电路用于指示手机的工作状态，包括空闲有信号状态、来电状态、盲区状态；彩灯电路通过不同彩色发光二极管的轮流显示来美化手机终端；手机键盘灯电路用于手机按键板的照明，方便在黑暗环境下按拨手机不同按键；键盘接口电路用于手机按键板不同按键的供电、按键板背景灯的发光控制、按键板不同按键与手机主板 CPU 的通信。

本章考核评价

本章考核评价表如表 3-1 所示，包括基本素养 (30 分)、理论知识 (50 分)、实践操作三个部分。

表 3-1　本章考核评价表

序号	评 估 内 容	自评	互评	师评
基本素养 (30 分)				
1	纪律 (无迟到、早退、旷课)(15 分)			
2	课堂表现能力、沟通能力 (15 分)			
理论知识 (50 分)				
1	掌握手机直流稳压供电电路的工作原理 (5 分)			
2	掌握手机开机过程 (7 分)			
3	掌握手机电源转换及 B+ 产生电路的工作原理 (7 分)			
4	掌握手机充电电路的工作原理 (7 分)			
5	了解手机接收信号处理流程 (6 分)			
6	掌握手机频率合成电路的作用 (4 分)			
7	了解手机发射信号处理流程 (6 分)			
8	掌握手机音频、红绿指示灯、彩灯、键盘灯、键盘接口等电路的工作原理 (8 分)			
实践操作 (20 分)				
1	查询自己手机的射频电路 (10 分)			
2	查询自己手机的逻辑 / 音频电路 (10 分)			

本章习题

一、填空题

1. 手机可分为_____开机和_____开机。

2. 当手机逻辑部分获得_____及_____信号、_____信号后，开始运行_____，软件运行通过后送维持信号给电源模块维持整机供电，使手机维持开机。

3. 手机电源转换电路用于 B+ 电压产生源头_____电压和_____电压的选择。

4. 老式手机的电池一般有_____个端口。

5. 手机射频接收电路用来对基站发给手机的信号进行_____、_____、_____、_____等处理。

6. V60 手机接收机射频电路结构为_____，发射机射频电路结构为_____。

7. V60 手机的接收中频为_____MHz。

8. 老式翻盖手机中的小电池是为了给_____电路源源不断地供电。

二、简答题

1. 简述当 V60 手机分别处于 GSM 900 MHz、DCS 1800 MHz、PCS 1900 MHz 频段时，其接收第一本振工作频率的范围。

2. 简述 V60 手机 Q410 双三极管的工作原理。

3. 简述 V60 手机 PA_B+ 产生电路的工作原理。

4. 手机卡最终一般都连到主板的什么模块电路？

5. 听筒与话筒在电源供电方面有何不同？

6. V60 手机音频输入方式有哪几种？音频输出方式有哪几种？

7. 当 V60 手机 J800 的第 14 脚接触不良时，手机将出现什么故障？当 V60 手机 J800 的第 13 脚接触不良时，手机将出现什么故障？

第4章 / 智能手机技术原理

本章描述

当前的智能手机一般具有多处理器、触摸屏、智能互联等特点。其中，处理器又包括基带处理器和应用处理器，因而具有信息处理快、使用方便、功能全面等优点。触摸屏有多种，可分为电阻技术触摸屏、电容技术触摸屏、红外线技术触摸屏、表面声波触摸屏。通过OCA全贴合技术将面板与触摸屏以无缝隙的方式完全粘贴在一起，可提供更好的荧幕反射的影像显示效果。智能手机与其他设备的互联是现代科技发展的一个重要方向，通过互联技术，如智能手机与智能手机互联、智能手机与电脑互联、智能手机与智能电视互联、智能手机与未来智能家电互联，实现设备之间的信息互通和协同工作，从而提升生活质量和工作效率。

本章目标

(1) 掌握智能手机双处理器中基带处理器、应用处理器各自的作用；

(2) 掌握智能手机系统时钟电路、复位电路、接口电路的功能及应用；

(3) 掌握智能手机触摸屏的分类、原理及应用；

(4) 了解智能手机OCA技术的原理及应用；

(5) 掌握智能手机的各种互联方法；

(6) 在维修过程中，培养学生尊重手机的软件版权和硬件设计，激发学生分析问题和解决问题的能力，提高团队协作效率。

本章重点

(1) 智能手机双处理器中基带处理器、应用处理器各自的作用；
(2) 智能手机触摸屏的分类、原理及应用；
(3) 智能手机 OCA 技术的原理及应用；
(4) 智能手机的各种互联方法。

4.1 智能手机逻辑电路原理

本节导入

　　智能手机逻辑电路是手机系统中的重要组成部分，主要完成手机各电路的控制及数字与语音信号的处理。逻辑电路的功能非常多，包括操作控制、程序控制、时间控制和数据加工等。其内部结构主要包括控制器、运算器和寄存器，而外部结构则包括地址总线、数据总线、控制总线。逻辑电路的工作条件通常包括 CPU 供电、时钟信号和复位信号。在智能手机逻辑电路中，字库扮演着重要角色，它主要存储整机主程序，相当于电脑的硬盘。暂存则是随机存储器，用于暂时存放手机工作时的临时数据，类似于电脑的内存条。而码片则是电可擦可编程只读存储器，用于存放手机可更改的数据和中间结果，如电话本、IMEI 串号、射频参数等。逻辑电路在智能手机中的应用广泛，对于手机的正常运行起着至关重要的作用。如果逻辑电路中的任何部分损坏，都可能导致手机出现各种问题，如不开机、死机、无信号或短信及电话本无法打开等。

　　总的来说，智能手机逻辑电路是一个复杂而精密的系统，它通过控制和处理各种信号和数据，确保手机能够正常运行并为用户提供各种功能和服务。当前的智能手机通常都具有信息处理快、使用方便、功能全面等优点，从智能手机逻辑电路处理器设计方面来看，怎样的设计，才能具备以上优点呢？

4.1.1 处理器电路

　　智能手机的处理器主要有基带处理器和应用处理器。基带处理器是手机的一个重要部件，相当于协议处理器，负责数据处理与储存，主要组件有数字信号处

理器 (DSP)、微控制器 (MCU)、内存 (SRAM、FLASHROM) 等。应用处理器主要负责手机的多媒体功能，包括图像、声音、视频、3D 图形、照相等。有些智能手机采用两个单独的处理器芯片，而有些智能手机则采用二合一的处理器芯片，即将基带处理器和应用处理器集成在一个芯片中。

1. 双处理器电路

双处理器手机有两个处理器：一个负责通信协议处理，实现手机基本通话功能，也就是通常所说的基带处理器；另一个负责音视频处理、文档处理、数据处理等附加应用功能，即应用处理器。基带处理器芯片中一般包含微处理器、数字信号处理器、ROM 及 RAM 等。

1) 基带处理器电路

从电路结构上来看，智能手机基带处理器电路主要由微处理器、数字信号处理器 (DSP)、存储器、时钟及复位电路、接口电路、供电电路等组成。通常将微处理器、数字信号处理器和存储器集成在一起，组成基带处理器。基带处理器电路框图如图 4-1 所示。

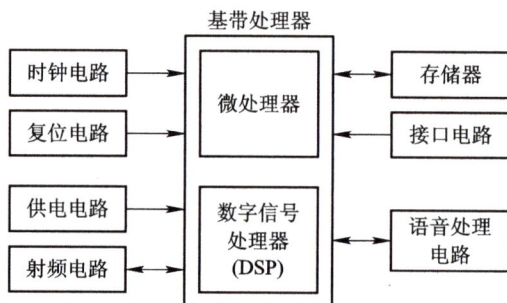

图 4-1　基带处理器电路框图

(1) 微处理器。微处理器的工作原理其实很简单,内部元件主要包括控制单元、运算逻辑单元、存储单元 (高速缓存、寄存器) 三大部分，指令由控制单元分配到运算逻辑单元，经过加工处理后再送到存储单元中等待应用程序的使用。微处理器电路框图如图 4-2 所示。

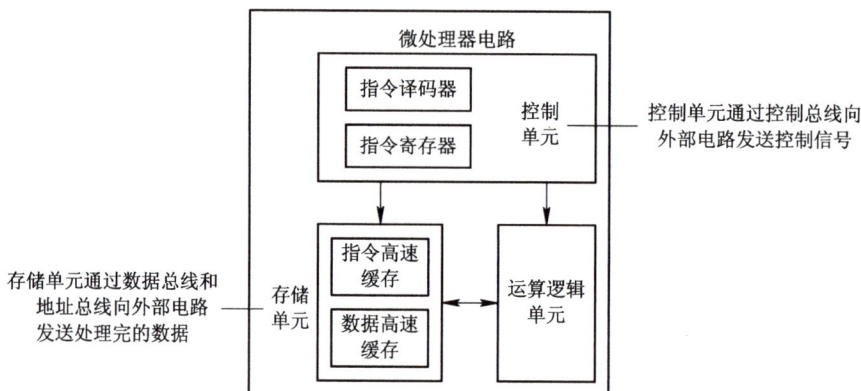

图 4-2　微处理器电路框图

(2) 数字信号处理器。智能手机的数字信号处理器 (Digital Signal Processor, DSP) 由 DSP 内核加上内建的 RAM 和加载了软件代码的 ROM 组成。

DSP 通常提供射频控制、信道编码、均衡、分间插入与去分间插入、AGC、AFC、SYCN、密码算法、邻近蜂窝监测等功能。

DSP 核心还提供一些其他的功能，包括双音多频音的产生和一些短时回声的抵消，在 GSM 移动电话的 DSP 中，通常还有突发脉冲 (Burst) 的建立。数字信号处理器主要执行语音信号的 A/D 转换、D/A 转换、PCM 编译码、音频路径转换、发射话音的前置放大、接收话音的驱动放大、双音多频 DTMF 信号的发生等功能。

(3) 音频数字信号处理电路。音频数字信号处理电路主要执行语音信号的 A/D 转换、D/A 转换、PCM 编译码、音频路径转换、发射话音的前置放大、接收话音的驱动放大、双音多频 DTMF 信号的发生等功能。

(4) 存储器。智能手机中的存储器主要包括数据存储器、程序存储器等。

① 数据存储器 (RAM)。RAM 的主要作用是存储智能手机运行过程中暂时保留的信息，如暂时存储各种功能程序运行的中间结果，作为运行程序时的数据缓存区。手机中常用的存储器是静态随机存储器 (SRAM)，其对数据 (如输入的电话号码、短信息、各种密码等) 或指令 (如驱动振铃器振铃、开始录音、启动游戏等) 的存取速度快、存储精度高，但一旦断电，其中所存信息就会丢失。数据存储器正常工作时须与微处理器配合默契，即在由控制线传输的指令的控制下，通过数据传输线与微处理器交换信息。数据存储器提供了整个手机工作的空间，其作用相当于计算机中的 RAM 内部存储器。

② 程序存储器。部分智能手机程序存储器由两部分组成：一个是闪速只读存储器 (FLASHROM)，俗称字库或版本；另一个是电可擦可编程只读存储器 (EEPROM)，俗称码片。手机的程序存储器存储着手机工作所必需的各种软件及重要数据，是整个手机的灵魂所在。

在手机程序存储器中，FLASHROM 作为只读存储器 (ROM) 来使用，主要存储工作主程序，即以代码的形式装载话机的基本程序和各种功能程序。话机的基本程序管理整机工作，如各项菜单功能之间的有序连接与过渡的管理程序，各子菜单返回其上一级菜单的管理程序，根据开机信号线的触发信号启动开机程序的管理等，以及各功能程序，如电话号码的存储与读出、铃声的设置与更改、短信息的编辑与发送、时钟的设置、录音与播放、游戏等菜单功能的程序。FLASHROM 是一种非易失性存储器，当关掉电路的电源后，所存储的信息不会丢失。它的存储器单元是电可擦除的，即 FLASHROM 既可电擦除，又可用新的数据再编程。在手机中 FLASHROM 一般用于相对稳定的、正常使用手机时不用更改程序的存储，这与它们有限的擦除、重写能力有关。若 FLASHROM 发生故障，则整个手机陷入瘫痪。

EEPROM 的主要特点是能在线修改存储器内的数据或程序，并能在断电的情况下保持修改结果。根据数据传输方式分类，EEPROM 可以分为两大类：一类为并行数据传送的 EEPROM，另一类为串行数据传送的 EEPROM。

现各种类型的手机所采用的 EEPROM 很多，但其作用几乎是一样的，主要存放手机中的系统参数和一些可修改的数据，如手机拨出的电话号码、菜单的设置、手机解锁码、PIN 码、机身码 (IMEI) 等，以及一些检测程序，如电池检测程序、显示电压检测程序等。当 EEPROM 出现问题时，手机的某些功能将失效或出错，如菜单错乱、背景灯失控等。此时有如下现象：显示"联系服务商 (CONTACT SERVICE)"；显示"电话失效，联系服务商 (PHONE FAILED SEE SERVICE)"；显示"手机被锁 (PHONE LOCKED)"；显示"软件出错 (WRONG SOFTWARE)"；出现低电压告警、显示黑屏、不开机、不入网、显示字符不完整、不认卡等。由于 EEPROM 可以用电擦除，因此当出现数据丢失时，可以用 GSM 手机可编程软件故障检修仪重新写入。目前手机的 EEPROM 一般集成在 FLASHROM 内部。

2) 应用处理器电路

应用处理器最大的好处在于完全独立在手机通信平台之外，灵活方便，可缩短设计流程。目前智能手机中流行的数码相机、高清视频拍摄与播放、MP3 播放器、FM 广播接收、视频图像播放、高保真 HD 音频等功能，基带处理器已无能力完成，只能由应用处理器来完成。

从电路结构上来看，智能手机应用处理器电路主要由核心处理器、内存控制器、多媒体处理器、图像处理器、时钟电路、总线控制器等组成。智能手机应用处理器电路框图如图 4-3 所示。

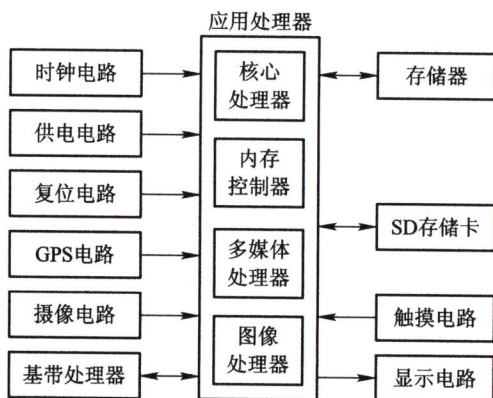

图 4-3　智能手机应用处理器电路框图

2. 单处理器电路

单处理器是指智能手机在设计时采用将基带处理器和应用处理器集成在一起的二合一单芯片。单处理器不但包含基带处理器的功能，还包含应用处理器的功能。从电路结构上来看，智能手机处理器电路主要由微处理器、数字信号处理器、核心处理器 (可能为多核)、内存控制器、多媒体处理器、图像处理器、存储器、时钟及复位电路、接口电路、供电电路、总线控制器等组成。单处理器电路框图如图 4-4 所示。

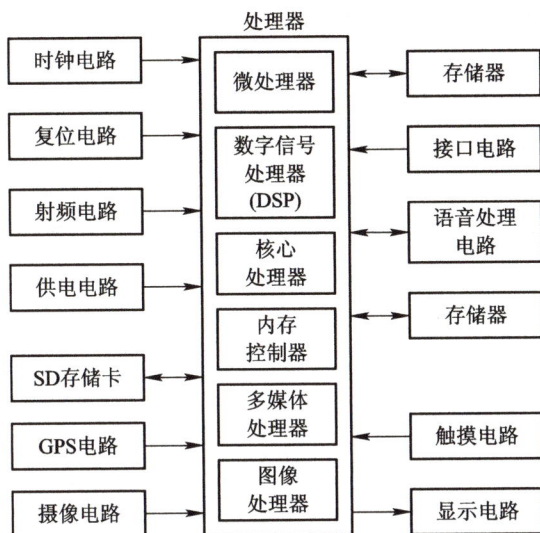

图 4-4　单处理器电路框图

3. 处理器电路工作原理

智能手机的处理器电路是整个手机的控制中心和处理中心，是整个电路的核心部分，其能否正常运行直接决定手机能否正常使用。在对智能手机进行维修前，对其工作原理的学习是非常必要的。

处理器的基本工作条件有三个：一是电源，一般由电源电路提供；二是时钟，一般由 13 MHz 晶振电路提供；三是复位信号，一般由电源电路提供。处理器只有具备以上三个基本工作条件，才能正常工作。

手机中的处理器一般是 16 位或 32 位，与外围电路的工作流程为：按下手机开机按键，电池给电源部分供电，同时电源供电给处理器电路，处理器复位后，再输出维持信号给电源部分，这时即使松开手机按键，手机仍然维持开机。

复位后，处理器开始运行其内部的程序存储器，首先从地址 0（一般是地址 0，而有些厂家的中央处理器不是）开始执行，然后顺序执行它的引导程序，同时从外部存储器（字库、码片）内读取资料。如果此时读取的资料不对，处理器就会内部复位（通过处理器内部的"看门狗"或者硬件复位指令）引导程序；如果顺利执行完成，处理器就从外部字库里读取程序执行；如果读取的程序异常，就会导致"看门狗"复位，即程序又从地址 0 开始执行。处理器读取字库是通过并行数据线和地址线、读写控制时钟线 W/R 完成的。外部程序存储器片选信号线 CS（也可以叫作 CE）和 W/R 配合，用来区分存储器读取的是数据还是程序。

4.1.2　时钟电路

系统时钟是处理器正常工作的条件之一。智能手机一般采用 13 MHz 晶振与处理器中的振荡器一起组成时钟电路。如果 13 MHz 时钟信号不正常，逻辑电路就不会工作，智能手机不可能开机。

另外，有些智能手机的时钟晶体是 26 MHz 或 9.5 MHz，产生的振荡频率要经过中频电路分频为 13 MHz 后才能供给处理器。

时钟电路主要由晶振、谐振电容、振荡器 (集成在处理器芯片中) 等组成。

当智能手机接入电池后，智能手机的电源电路就会产生 3.7 V 待机电压，此电压直接为处理器芯片内部的振荡器供电，时钟电路在获得供电后开始工作，为处理器芯片内部的微处理器电路中的开机模块提供所需的时钟频率。

4.1.3 复位电路

复位电路主要为基带处理器中的微处理器电路提供复位信号。复位信号是微处理器的工作条件之一 (另外两个条件为时钟信号和电源)，符号是 RESET，简写为 RST。复位操作一般直接由电源芯片通往微处理器来实现，或使用一专用复位芯片。复位信号存在于开机瞬间，开机后测量已为高电平。若需要测量正确的复位时间波形，则应使用双踪示波器，一路测微处理器的电源信号，一路测复位信号。

4.1.4 接口电路

接口电路是指处理器与外部电路、设备之间的连接通道及有关的控制电路。由于外部电路、设备中的电平大小、数据格式、运行速度、工作方式等均不统一，一般情况下是不能与处理器相兼容的 (不能直接与处理器连接)，外部电路和设备只有通过输入 / 输出接口的桥梁作用，才能进行相互之间的信息传输、交流，并使处理器与外部电路、设备之间协调工作。

1. 并行总线接口

并行总线主要包括地址总线、数据总线和控制总线，在逻辑控制电路中，处理器和外部存储器 (FLASHROM 和暂存器) 一般是通过并行总线进行通信的。

1) 地址总线

地址总线 (Address Bus，AB) 用于处理器向存储器单元发送地址信息。由于存储器单元不会向处理器传输信息，因此地址总线 (AB) 是单向传输总线。

一个 8 位的处理器，其地址总线数目一般为 16 根，一般用 A0 ~ A15 表示，这 16 根地址总线可以寻址的存储单元目录是 2^{16} = 65 536 = 64K。一个 32 位的处理器，其地址总线数目一般为 32 根，一般用 A0 ~ A31 表示。

另外，需要特别明确的是，地址总线的信号传输方向只能从处理器出发，而字库也只能被动地接收处理器发过来的寻址信号。明确了这一点，对检修不开机的手机是很有帮助的，对于一部不开机的手机，取下字库芯片，测试地址总线的寻址信号，若正常，则要注意先检查处理器的工作条件是否满足，如电源、复位、时钟等。若处理器的工作条件完全满足，处理器还不能正常发出寻址信号，则处理器可能损坏。

2) 数据总线

数据总线 (Data Bus，DB) 用于处理器与存储器之间的数据传输。由于数据可以从处理器传输到存储器，也可以从存储器传输到处理器，因此数据总线是双向数据传输的总线，与地址总线不同。

数据总线的数目与处理器的位数相对应，一个 8 位的微处理器，其数据总线数目一般为 8 根，分别用 D0 ～ D7 表示；一个 32 位的处理器，其数据总线数目一般为 32 根，分别用 D0 ～ D31 表示。

3) 控制总线

控制总线 (Control Bus，CB) 用于传输控制信息，如传送中断请求 (IRQ、INT)、片选 (CE、CS)、数据读 / 输出使能 (OE)、数据写 / 输入使能 (WE)、读使能 (RE)、写保护 (WP)、地址使能信号 (ALE)、命令使能信号 (CLE) 等。

控制总线是单向传输的，但对处理器来讲，根据各种控制信息的具体情况，有的是输入信息，有的是输出信息。

控制总线采用能表明含义的英文缩写字母符号，若符号上有一横线，则表示负逻辑 (低电平有效)，否则为高电平有效。

2. I2C 串行总线接口

I2C(Inter Integrated Circuit Bus，内部集成电路总线，或集成电路间总线)，是飞利浦公司的一种通信专利技术，由一根串行数据线 (SDA) 和一根串行时钟线 (SCL) 组成，可使所有挂接在总线上的器件进行数据传递。I2C 总线使用软件寻址方式识别挂接于总线上的每个 I2C 总线器件，每个 I2C 总线都有唯一确定的地址号，以便器件之间进行数据传递，I2C 总线几乎可以省略片选、地址、译码等连线。

4.2　智能手机触摸屏原理与OCA技术

本 节 导 入

智能手机触摸屏 (TP)，是手机或其他设备上的触摸屏部分，允许用户通过触摸来进行操作。它通常由多层材料组成，包括一个感应层和一个显示层。当用户触摸屏幕时，感应层检测到触摸点的位置，并将这个信息传递给设备的处理器。处理器再根据这个位置信息执行相应的操作。OCA 技术是一种在消费电子产品中广泛应用的全贴合技术，特别是在智能手机的大尺寸显示屏上。其主要原理是首先在显示屏表面上覆盖一层 OCA，然后将触摸屏贴合在上面。在贴合过程中，OCA 会自动填充空气间隙，它具有良好的光学透明性。智能手机触摸屏和 OCA 的结合使用，为用户提供了更流畅、更直观的操作体验。

✎ 4.2.1 触摸屏

1. 触摸屏的分类

按照触摸屏的工作原理和传输信息的介质，触摸屏可分为以下四类。

电阻技术触摸屏：定位准确，透光率和清晰度稍差。

电容技术触摸屏：设计构思合理，精确度高，寿命较长，但其价格颇高，反光相对严重。

红外线技术触摸屏：价格低廉，但其外框易碎，容易产生光干扰，曲面情况下易失真。

表面声波技术触摸屏：解决了以往触摸屏的各种缺陷，清晰且不容易被损坏，适于各种场合，缺点是屏幕表面如果有水滴和尘土会使触摸屏变得迟钝，甚至不工作。

1) 电阻技术触摸屏

(1) 工作原理。电阻技术触摸屏是一种软屏，主要原理是利用压力传感器检测屏幕各处的压力，以此来输入信息。

电阻技术触摸屏的主要部分是一块与显示器表面非常贴合的电阻薄膜屏。它是一种多层的复合薄膜，以一层玻璃或硬塑料平板作为基层，表面涂有一层透明氧化金属 (ITO 氧化铟，透明的导电电阻) 导电层；其上面覆盖有一层外表面硬化处理、光滑防擦的塑料层；它的内表面也涂有一层 ITO 涂层，它们之间有许多细小的 (小于 1/1000 英寸) 透明隔离点把两层导电层隔开绝缘。当手指触摸屏幕时，两层导电层在触摸点位置就有了接触，控制器侦测到这一接触并计算出 (X, Y) 的位置，再根据模拟鼠标的方式运作。

(2) 分类。电阻技术触摸屏一般分为四线电阻屏和五线电阻屏。

① 四线电阻屏。四线电阻屏的特点如下：

● 高解析度，高速传输反应；

● 表面硬度处理，减少擦伤、刮伤及防化学处理；

● 具有光面及雾面处理；

● 一次校正，稳定性高，永不漂移。

四线电阻模拟量技术的两层透明金属层工作时每层均增加 5 V 恒定电压，一个竖直方向，一个水平方向，总共需四根电缆。

② 五线电阻屏。五线电阻屏的特点如下：

● 解析度高，高速传输反应；

● 表面硬度处理，减少擦伤、刮伤及防化学处理；

● 同点接触 3000 万次尚可使用；

● 导电玻璃为基材的介质；

● 一次校正，稳定性高，永不漂移。

五线电阻模拟量技术把两个方向的电压通过电阻网络加在靠里的那层金属层上，靠既检测电压又检测电流的方法测得触摸点的位置，而外层 ITO 仅当作导体层，共需五根电缆。

(3) 特性。电阻技术触摸屏的特性如下：

电阻技术触摸屏的优点是价格比较低廉，能在较为恶劣的环境下工作，并且利于大规模生产，因此成为发展最早、用途最为广泛的触摸屏。

电阻技术触摸屏较大的缺点是不能实现多点同时触摸，这也限制了它在高端智能手机和游戏机中的应用。

2) 电容技术触摸屏

电容技术触摸屏是一种硬屏，主要原理是手指和智能终端之间形成电容器，感应出电流。电容技术触摸屏分为表面电容式触摸屏 (Surface Capacitive Touch) 和投射式电容触摸屏 (Projected Capacitive Touch)。

(1) 表面电容式触摸屏。表面电容式触摸屏的工作原理：当用户触摸屏幕时，由于人体电场的原因，手指与导体层间形成一个耦合电容，四边电极发出的电流会流向触点，而电流强弱与手指到电极的距离成正比，位于触摸屏幕后的处理器便会根据电流的比例及强弱，准确算出触摸点的位置。

(2) 投射式电容触摸屏。投射式电容触摸屏的工作原理：触摸屏采用多层 ITO 层，形成矩阵式分布，以 X 轴、Y 轴交叉分布作为电容矩阵，当手指触碰屏幕时，可通过 X、Y 轴的扫描，检测到触碰位置电容的变化，进而计算出手指之所在。基于此种架构，投射电容可以做到多点触控操作。

(3) 表面电容式触摸屏与投射式电容触摸屏的各自特点。

① 表面电容式触摸屏：技术成熟，不能识别多点，价格高，有战略联盟，能做各种尺寸屏。

② 投射式电容触摸屏：技术不成熟，能识别多点，适合做中小尺寸屏。

(4) 电容技术触摸屏的特性。

① 轻触就能感应，使用方便，而且手指与触控屏的接触几乎没有磨损，性能稳定，经机械测试使用寿命长；

② 对大多数的环境污染物有抗力；

③ 人体成为线路的一部分，因而漂移现象比较严重；

④ 戴手套不起作用；

⑤ 需经常校准；

⑥ 不适用于金属机柜；

⑦ 当外界有电感和磁感时，会使触摸屏失灵。

3) 红外线技术触摸屏

红外线技术触摸屏的工作原理：红外线技术触摸屏是利用 X、Y 方向上密布的红外线矩阵来检测并定位用户的触摸。红外线技术触摸屏在显示器的前面安装了一个电路板外框，电路板在屏幕四边排布红外发射管和红外接收管，一一对应形成横竖交叉的红外线矩阵。用户在触摸屏幕时，手指就会挡住经过该位置的横竖两条红外线，因而可以判断出触摸点在屏幕上的位置。任何触摸物体都可改变触点上的红外线而实现触摸屏操作。

红外线技术触摸屏的特性如下：

(1) 高度稳定性，不会因时间、环境的变化产生漂移；

(2) 高度的适应性，不受电流、电压和静电干扰，适宜某些恶劣的环境条件（防爆，防尘）；

(3) 高透光性，无中间介质，最高可达 100%；

(4) 使用寿命长，高度耐久，不怕刮伤，触控寿命长；

(5) 使用特性好，触摸无须力度，对触摸体无特殊要求；

(6) 会受到强红外线干扰，如遥控器、高温物体、阳光或白炽灯等红外源照射红外接收管；

(7) 会受到强电磁干扰，如变压器等。

4) 表面声波技术触摸屏

表面声波技术触摸屏的工作原理：表面声波技术是利用声波在物体的表面进行传输，当有物体触摸到表面时，阻碍声波的传输，换能器侦测到这个变化，反映给计算机，进而进行鼠标的模拟。

表面声波技术触摸屏的特性如下：

(1) 清晰度较高，透光率好；

(2) 高度耐久，抗刮伤性良好；

(3) 一次校正不漂移；

(4) 反应灵敏；

(5) 适合于办公室、机关单位及环境比较清洁的场所。

表面声波技术触摸屏需要经常维护，因为灰尘、油污甚至饮料沾污在屏幕表面，都会阻塞触摸屏表面的导波槽，使波不能正常发射，或使波形改变而控制器无法正常识别，从而影响触摸屏的正常使用，用户需严格注意环境卫生，必须经常擦抹屏的表面以保持屏面的光洁，并定期作一次全面彻底擦除。

2. 前沿技术

1) In cell

In cell 是将触摸屏面板功能嵌入到液晶像素中的技术，即在显示屏内部嵌入触摸屏传感器功能。这样可使屏幕变得轻薄。

2) On cell

On cell 是将触摸屏嵌入到显示屏的彩色滤光片基板和偏光片之间的技术，即在液晶面板上配置触控传感器。

3) OGS

OGS(One Glass Solution，一块玻璃的解决方案)，是将触摸屏和保护玻璃集成在一起，在保护玻璃内侧镀上 ITO 导电层的技术。其优点是使触摸屏更薄，成本更低，透光性更好。

4.2.2　OCA 技术

1. OCA 简介

OCA(Optical Clear Adhesive，光学透明胶粘剂) 是一层无基材光学透明的特种双面胶，属于压敏胶的一类。该胶体材料的主要成分是压克力，主要用于 LCM(液晶显示模块)、盖板、触摸屏的贴合，具有无色透明、光透过率在 90% 以上、胶结强度良好，可在室温或中温下固化，且固化收缩小等特点。

2. OCA 全贴合技术

贴合方式分为全贴合和框贴两种。全贴合技术是目前高端智能手机与平板电脑面板贴合的主流发展趋势。

全贴合技术将面板与触摸屏以无缝隙的方式完全粘贴在一起，可以提供更好的荧幕反射的影像显示效果，杜绝屏幕灰尘、水汽屏幕，隔绝灰尘和水汽。普通贴合方式的空气层容易受环境的粉尘和水汽污染，影响机器使用，而全贴合 OCA 光学胶填充了空隙，显示面板与触摸屏紧密贴合，粉尘和水汽无处可入，保障了屏幕的洁净度。

手机屏幕由保护玻璃、触摸屏和显示屏三部分组成。

OCA 工艺需要两次贴合，分别是感应玻璃与 PSA(感压胶) 贴附和感应玻璃与盖板玻璃贴附。

第一步将 OCA 膜贴在感应器上，俗称软贴硬。人工放置感应器到设备台面上，人工撕除 OCA 上层的隔离纸 (可用一小段胶带粘下来，较方便)，设备自动对位后完成贴附。

第二步将贴过 OCA 膜的感应器与盖板玻璃贴合在一起，俗称硬贴硬。人工将盖板玻璃和贴过 OCA 的感应器玻璃放到设备相应的台面上，CCD(Charge Coupled Device，电荷耦合器件；其是一种半导体感光元件) 自动对位完成后，在真空腔内进行加压贴合。

3. OCA 的工艺缺点

OCA 的工艺缺点如下：

(1) OCA 胶膜表面带有黏性，剥离离型膜时表面容易留痕，贴合时易产生气泡，易吸附尘埃和杂质造成二次污染。

(2) OCA 胶膜与 FILM 贴合时，手工贴时压力不均易褶皱产生气泡，用垂压式组合机贴合 G+G(玻璃与玻璃)，加热加压下的空气难以排出，这样非常容易产生气泡，而且脱泡机的作用也不大。

(3) OCA 流动性能差，在贴合过程中，OCA 难以完全填补传感器 (Sensor) 或盖板玻璃 (Cover Glass) 之间的微小缝隙，尤其是 ITO 线路的沟壑或油墨缺陷部分。

(4) OCA 的粘贴性能不强，贴合好的产品，存在反弹的风险。

(5) OCA 不利于大尺寸的贴合，生产效率低，人工成本高。OCA 贴合 G+G 时对于中等尺寸 (10 寸左右) 较难进行，对于大尺寸贴合 (如 15.6 寸、48 寸、72 寸) 很难进行，随着尺寸的增大难度更加艰难，生产效率低，良品率也较低。

(6) OCA 贴合好后不能有效地增加屏幕的强度和防爆的能力。特别是对于 OGS(单片触摸屏幕) 需用防爆膜贴合，贴合后屏幕防爆效果不佳，不耐摔，屏幕易损坏。

4.3　智能手机互联

本 节 导 入

> 智能手机互联是指将手机与其他设备或系统连接起来，实现信息、数据和服务的共享。这种互联方式通常基于无线网络技术和互联网技术，使得用户可以通过手机终端访问互联网，并使用基于互联网的各种服务。那么，智能手机互联有哪些方面呢？

4.3.1　智能手机与智能手机互联

智能手机与智能手机之间的互联可以通过多种方式实现。以下是几种常见的方法。

1. 蓝牙连接

打开两部手机的蓝牙功能，并确保它们都处于"可被发现"的状态。在其中一部手机上搜索附近的蓝牙设备，找到另一部手机的名称后，点击进行配对，输入配对码(如果有的话)或确认配对请求。一旦配对成功，两部手机就可以通过蓝牙传输文件、音频等。

2. Wi-Fi 直连

确保两部手机都支持 Wi-Fi 直连功能。打开 Wi-Fi 直连功能，并在其中一部手机上搜索附近的设备。选择要连接的设备，并按照提示进行连接。连接成功后，两部手机可以直接通过 Wi-Fi 传输数据，无须通过路由器。

3. 热点共享

在其中一部手机上开启个人热点功能，并设置热点的名称和密码。在另一部手机上打开 Wi-Fi 功能，搜索并连接到该热点。连接成功后，两部手机可以通过 Wi-Fi 进行数据传输或共享网络。

4. NFC 触碰连接

确保两部手机都支持 NFC 功能。打开 NFC 功能，并将两部手机的 NFC 感应区域相互靠近。根据手机的提示，进行必要的操作以建立连接。连接成功后，可以通过 NFC 进行数据传输或执行其他操作。

5. 即时通信应用

在两部手机上下载并安装相同的即时通信应用(如微信、QQ、WhatsApp 等)，注册或登录账户，然后添加对方为联系人。通过即时通信应用发送文字、图片、视频等消息进行通信。

6. 云存储和同步服务

使用云存储服务(如 Google Drive、OneDrive、iCloud 等)在两部手机上同步文件。登录相同的账户,确保文件在云端是可访问的。在任一部手机上修改文件后，更改将自动同步到其他设备。

7. 第三方应用

有些第三方应用专门用于手机之间的互联,如远程桌面控制、文件传输工具等。根据需求选择合适的应用，并按照应用的说明进行操作。

在选择互联方法时，需要考虑设备的兼容性、数据的安全性以及用户的需求。传输敏感信息或重要文件时，建议使用加密和安全性较高的连接方式。同时，确保在使用任何互联功能时，都遵循隐私保护原则，避免个人信息泄露。

4.3.2 智能手机与电脑互联

智能手机与电脑互联有多种方法。以下是几种常见的方法。

1. USB 线连接

使用 USB 线可将智能手机与电脑连接起来。在电脑上安装并运行相应的同步软件，如 ActiveSync，用于管理和同步手机与电脑之间的数据。在同步软件中设置合适的端口，可根据需要进行文件传输、备份或其他操作。

2. 蓝牙连接

确保电脑和智能手机都支持蓝牙功能，并在电脑上安装蓝牙适配器 (如果电脑本身没有内置蓝牙)。在电脑和手机上都开启蓝牙功能，并在手机上将电脑的蓝牙图标设置为可见。在电脑上搜索并配对手机的蓝牙设备，一旦配对成功，就可以通过蓝牙进行文件传输或其他操作。

3. Wi-Fi 连接

在智能手机上开启个人热点功能，并设置热点的名称和密码。在电脑上打开 Wi-Fi 功能，搜索并连接到手机的热点。连接成功后，电脑可以通过手机的网络上网，并可以与手机进行文件传输等操作。

4. 特定的软件或应用

有些软件或应用专门用于手机与电脑之间的连接和文件传输，如 AirDroid、Pushbullet 等。根据软件或应用的说明，在电脑上安装相应的客户端，并在手机上安装相应的应用，通过注册账户或扫描二维码等方式，将手机与电脑进行配对和连接。

5. NFC 连接 (如果设备支持)

对于支持 NFC 功能的智能手机和电脑 (通常是通过特定的配件或贴纸实现)，可以将手机贴近电脑的 NFC 感应区域进行快速连接。连接后，可以通过特定的应用或功能进行文件传输、共享等操作。

在选择互联方法时，需要考虑设备的兼容性、连接速度、稳定性，以及个人需求。传输敏感信息或重要文件时，建议使用加密和安全性较高的连接方式。同时，确保在使用任何互联功能时，都遵循隐私保护原则，避免个人信息泄露。

4.3.3 智能手机与智能电视互联

智能手机与智能电视互联有多种方法。以下是几种常见的方法。

1. 无线连接

(1) Wi-Fi 直连。确保手机和智能电视连接到同一个 Wi-Fi 网络。许多智能电视都支持 DLNA 或 Miracast 技术，允许与手机进行无线投屏。在手机的设置中找到"投屏"或"屏幕镜像"功能，选择电视作为接收设备，即可将手机屏幕投射到电视上。

(2) 蓝牙连接：虽然蓝牙主要用于音频传输，但某些智能电视也支持通过蓝牙将手机上的内容传输到电视上。这通常用于发送照片、视频或其他文件。

2. 有线连接

(1) HDMI 线连接。如果智能手机支持 HDMI 输出（通常通过适配器实现），就可以使用 HDMI 线将手机直接连接到电视的 HDMI 接口上。这样可以将手机屏幕的内容直接显示在电视上，并享受高清画质。

(2) USB 线连接。某些智能电视支持通过 USB 接口连接手机，并可以直接播放手机上的媒体文件。使用 USB 线将手机与电视连接后，通常需要在电视上选择 USB 输入源来查看手机上的内容。

3. 应用与服务

(1) 智能电视应用。许多智能电视品牌都有自己的配套应用，允许用户通过手机控制电视、发送内容等。例如，三星的 Smart View、LG 的 TV Plus 等。

(2) 第三方投屏应用。有许多第三方应用（如乐播投屏、腾讯极光投屏等）专门用于手机与电视之间的投屏。这些应用通常支持多种连接方式，包括 Wi-Fi、蓝牙等。

4. 多屏互动功能

现在的很多手机（如华为、小米等）和智能电视都支持多屏互动功能，只需确保手机和电视连接到同一个 Wi-Fi 网络，就可在手机上启用多屏互动功能，并选择电视作为接收设备，实现屏幕共享。

5. 视频应用的投放功能

很多视频应用（如腾讯视频、爱奇艺等）都内置了投放功能，允许用户将正在观看的视频直接投放到电视上。通常只需在应用的播放界面找到"投电视"或类似的选项，并选择智能电视作为目标设备即可。

在选择互联方法时，需要考虑设备的兼容性、连接速度、稳定性，以及个人需求。确保在使用任何互联功能时，都遵循隐私保护原则，避免个人信息泄露。同时，对于高清视频传输，建议使用支持高带宽的连接方式，以获得更好的观看体验。

4.3.4　智能手机与未来智能家电互联

智能手机与未来智能家电的互联方法将基于当前的技术趋势，并结合新兴的物联网、人工智能和云计算等技术进行发展。以下是一些可能的互联方法。

1. Wi-Fi 和蓝牙连接

智能手机与智能家电之间可以通过 Wi-Fi 和蓝牙进行连接，实现双向的数据传输和控制。用户可以通过手机应用程序对家电进行远程操控，如开关设备、调整设置等。

2. ZigBee 和 Z-Wave 等无线通信技术

ZigBee 和 Z-Wave 等无线通信技术专为智能家居设计，能够实现设备之间的可靠连接和通信。智能家电和智能手机可以通过这些协议进行连接，实现远程控制和信息传输。

3. 物联网 (IoT) 技术

随着物联网技术的发展，未来的智能家电将能够相互连接并共享数据。智能手机将成为用户与这些设备交互的中心，用户可以通过手机应用程序实时监控家电状态、接收通知并进行控制。

4. 语音识别和人工智能技术

未来的智能家电会配备更先进的语音识别和人工智能技术，用户可以通过手机与家电进行语音交互，实现更加便捷的控制。

5. 云计算和大数据

通过云计算和大数据技术，智能家电可以将收集到的数据上传到云端进行分析和处理，为用户提供更加个性化和智能化的服务。用户可以通过手机应用程序访问这些数据，了解家电的使用情况和性能。

此外，安全性将是智能手机与未来智能家电互联的重要考虑因素。随着网络安全威胁的增加，制造商需要加强数据加密、权限管理等措施，确保用户的信息安全和家电的正常运行。

总的来说，智能手机与未来智能家电的互联方法将更加多样化和智能化，为用户提供更加便捷、舒适和安全的智能家居体验。然而，具体的互联方法和技术将取决于未来技术的发展和市场需求。

本章小结

(1) 智能手机逻辑电路主要包括处理器电路 (双处理器电路、单处理器电路)、时钟电路、复位电路、接口电路。

(2) 智能手机触摸屏主要分为电阻技术触摸屏、电容技术触摸屏、红外线技术触摸屏、表面声波技术触摸屏。

(3) 智能手机互联包括智能手机与智能手机互联、智能手机与电脑互联、智能手机与智能电视互联、智能手机与未来智能家电互联。

本章考核评价

本章考核评价表如表 4-1 所示，包括基本素养 (30 分)、理论知识 (40 分)、实践操作 (30 分) 三个部分。

表 4-1　本章考核评价表

序号	评 估 内 容	自评	互评	师评
	基本素养 (30 分)			
1	纪律 (无迟到、早退、旷课)(15 分)			
2	课堂表现能力、沟通能力 (15 分)			
	理论知识 (40 分)			
1	掌握智能手机双处理器中基带处理器、应用处理器各自的作用 (6 分)			
2	掌握智能手机系统时钟电路、复位电路、接口电路的功能及应用 (8 分)			
3	掌握智能手机触摸屏的分类、原理及应用 (10 分)			
4	了解智能手机 OCA 技术的原理及应用 (6 分)			
5	掌握智能手机的各种互联方法 (10 分)			
	实践操作 (30 分)			
1	查询自己手机的处理器型号等参数 (8 分)			
2	查询自己手机的显示屏参数 (8 分)			
3	智能手机与智能手机、智能手机与电脑、智能手机与智能电视等互联实践 (14 分)			

本章习题

一、填空题

1. 双处理器的手机有两个处理器，分别是_____处理器和_____处理器。

2. 基带处理器负责_____的处理，实现_____。

3. 应用处理器负责_____、_____、_____等附加应用功能。

4. 智能手机的系统时钟一般采用＿＿＿＿＿＿＿MHz，也有＿＿＿＿＿＿＿MHz或＿＿＿＿＿＿MHz。

5. 并行总线主要包括＿＿＿＿＿＿总线、＿＿＿＿＿＿总线、＿＿＿＿＿＿总线三种。

6. 地址总线用＿＿＿＿＿＿表示，数据总线用＿＿＿＿＿＿表示，控制总线用＿＿＿＿＿＿表示。

7. 按照触摸屏的工作原理和传输信息的介质，可以把触摸屏分为四类，分别是＿＿＿＿＿＿、＿＿＿＿＿＿、＿＿＿＿＿＿、＿＿＿＿＿＿。

8. 电阻技术触摸屏一般分为＿＿＿＿＿＿电阻屏和＿＿＿＿＿＿电阻屏两种。

9. 电容技术触摸屏分为＿＿＿＿＿＿触摸屏和＿＿＿＿＿＿触摸屏两种。

10. OCA 是一层无基材光学透明的＿＿＿＿＿＿。

二、简答题

1. 简述双处理器手机中基带处理器、应用处理器各自的作用。

2. 简述电阻技术触摸屏、投射式电容触摸屏、表面电容式触摸屏各自的工作原理。

3. 手机屏幕由哪几部分组成？

4. 智能手机互联包括哪些？

第三部分
实战——终端操作篇

第 5 章 / 智能手机基本操作

本章描述

刷机是指通过一定的方法更改或替换手机中原本存在的软件或者操作系统。通俗来讲，刷机就是给手机重装系统。但在刷机前一定要备份好重要数据，并确保电量充足。当手机中的资料意外丢失或删除时，可以使用专业的数据恢复软件来尝试找回。这些软件可以扫描手机中的存储空间，寻找并恢复被删除但尚未被覆盖的文件。当忘记手机密码或无法正常解锁时，可以通过多种方法来解锁。手机中的元器件多种多样，当拆开手机后找到某器件在手机主板中的位置，并进行好坏等检测、焊接是手机维修的技术基础。

本章目标

(1) 掌握手机刷机的概念、流程及技巧；

(2) 掌握手机照片资料的恢复方法及恢复技巧；

(3) 掌握手机解锁的概念、流程及技巧；

(4) 掌握手机常见元器件的识别及检测方法；

(5) 掌握手机贴片式、BGA 等元器件的焊接方法；

(6) 掌握常见手机电路框图、原理图、元件分布图等识图方法；

(7) 掌握常见手机的拆机方法；

(8) 引导学生认识到非法刷机可能带来的风险，如侵犯知识产权，让学生理解数据丢失可能带来的后果，从而增强数据安全意识，引导学生认识到手机解锁的合法性和道德性，引导学生认识到非专业拆机可能带来的损害和安全隐患。引导学生了解元器件在电子设备中的重要作用，培养学生对技术的敬畏和尊重。结合工匠精神，让学生理解焊接背后的耐心、专注和精益求精的精神。结合识图技能的学习，让学生认识到技能学习对于个人成长和职业发展的重要性。

(1) 手机刷机的概念、流程及技巧；

(2) 手机照片资料的恢复方法及恢复技巧；

(3) 手机解锁的概念、流程及技巧；

(4) 常见元器件的识别及检测方法；

(5) 手机贴片式、BGA 等元器件的焊接方法；

(6) 手机电路框图、原理图、元件分布图等识图方法；

(7) 常见手机的拆机方法。

5.1　智能手机刷机及资料恢复

本节导入

　　手机刷机是指通过特定的技术手段和工具，对手机的操作系统或固件进行更改、升级或重装的过程。刷机可以使手机的功能更加完善，性能得到提升，或者解决一些系统问题。手机资料恢复是指当手机中的数据意外丢失或删除时，通过特定的技术手段和工具，尝试找回这些丢失或删除的数据的过程。一旦发现数据丢失，应尽快停止使用手机并尝试恢复，以减少新数据写入覆盖原有数据的风险。下面了解手机刷机和手机资料恢复的具体操作方法。

5.1.1　智能手机刷机的概念

　　智能手机刷机是一种改变手机操作系统的行为，相当于给电脑装上不同版本的 Windows 或重装系统。具体来说，刷机是指通过一定的方法更改或替换手机中原本存在的一些语言、图片、铃声、软件或者操作系统，使其功能更加完善或还原到原始状态。刷机可以是官方的，也可以是非官方的。

　　需要注意的是，刷机有一定的风险，并且可能会导致手机无法使用或数据丢失等问题。因此，在进行刷机操作之前，需要仔细阅读相关教程和说明，并谨慎操作。同时，建议在刷机前备份手机中的重要数据，以防止数据丢失。

　　此外，刷机后可能会失去官方的保修资格，且一些定制的功能和服务可能无法正常使用。因此，在决定刷机之前，需要权衡利弊，并确保了解所有可能的风险和后果。如果不熟悉刷机操作，建议寻求专业人士的帮助。

5.1.2 智能手机刷机的流程

智能手机刷机的流程如下。

1. 备份个人资料并保证电量充足，下载 ROM 包

智能手机 ROM 包是一种固件，用于升级或修复手机的操作系统，类似于电脑的操作系统。ROM 包通常包含手机的操作系统、预装应用、设置和各种数据。通过刷机或升级 ROM 包，用户可以获得更快的运行速度、更新的功能，修复已知的漏洞和错误，或者使手机符合特定的定制需求。

ROM 包的选择取决于手机型号和用户需求。一些知名的 ROM 包由官方或第三方开发者提供，用户可以在相关论坛或社区中查找和下载适合自己手机的 ROM 包。在刷机之前，用户需要备份重要数据，并确保自己了解刷机的风险和注意事项。此外，建议从官方或可信的第三方来源获取 ROM 包，以确保安全性和稳定性。

2. 解 BL 锁，刷入第三方 Recovery

1) 解 BL 锁

手机 BL 锁 (Boot Loader) 是指操作系统内核运行前运行的一段小程序，可以初始化硬件设备、建立内存空间映射图，从而将系统的软硬件环境带到一个合适状态，以便为最终调用操作系统内核准备好正确的环境。在 BL 完成 CPU 和相关硬件的初始化之后，再将操作系统映像或固化的嵌入式应用程序装载到内存中，然后跳转到操作系统所在的空间，启动操作系统运行。解锁 BL 锁的目的是进行刷机、Root 等高级操作。

智能手机解 BL 锁的流程如下：

(1) 开启手机的开发者模式，连续点击"MIUI 版本"进入开发者选项菜单。

(2) 在开发者选项菜单中，找到并点击"设备解锁状态"。

(3) 在打开的窗口中，点击"绑定账号和设备"，绑定账号和设备。

(4) 下载解锁工具，登录自己的小米账号，进入解锁界面，填写申请解锁权限，等待解锁完成。

(5) 下载并解压解锁工具，双击 miflash_unlock.exe 打开。

(6) 同意并登录小米账号，检测是否可以解锁，若不支持则申请解锁，等待一周左右后通过申请。

(7) 进入 Fastboot 模式，用数据线连接手机和电脑，单击电脑中的"解锁等待"即可。

需要注意的是，解锁 BL 锁会失去官方的保修资格，且可能会影响于机的稳

定性和安全性。因此，在进行解锁操作之前，请仔细考虑并备份重要数据。

2) 刷入第三方 Recovery

第三方 Recovery 是指非官方提供的、由第三方开发者制作的 Recovery 镜像，主要用于 Android 系统的刷机、备份等操作。由于官方 Recovery 通常只提供最基本的功能，而第三方 Recovery 则提供了更多高级功能，如备份、还原、wipe、Root 等。此外，第三方 Recovery 还支持更多机型，可以刷入更多定制 ROM。

使用第三方 Recovery 需要谨慎，因为不当的操作可能会导致手机无法正常使用。在刷入第三方 Recovery 之前，需要先解锁 BL 锁，并确保已经备份了重要数据。此外，为了避免因操作不当导致无法开机，建议在刷入第三方 Recovery 之前先进入 Fastboot 模式。

若需要获取第三方 Recovery 的资源，则可在 Android 开发者论坛或相关社区中获取资源，并根据教程进行刷入操作。

刷入第三方 Recovery 的步骤如下：

(1) 备份手机数据，以防万一。

(2) 下载并安装第三方 Recovery。可以在网上搜索并下载对应型号手机的第三方 Recovery，也可以在一些知名的 Android 开发者论坛或社区中获取资源。

(3) 将手机关机，按住音量下键和电源键进入 Fastboot 模式。

(4) 在 Fastboot 模式下，使用数据线连接手机和电脑，然后在电脑上打开已经下载的 Recovery 包，根据提示进行操作。

(5) 刷入第三方 Recovery 后，可以尝试重启手机，查看是否成功。如果失败了，可以尝试重新安装或使用其他的第三方 Recovery。

需要注意的是，刷入第三方 Recovery 存在一定的风险，如果不熟悉操作或不确定资源是否可靠，建议寻求专业人士的帮助。此外，也需要注意选择可靠的第三方资源，避免因刷入带有恶意软件的 Recovery 而导致安全问题。

3. 进入 Recovery 模式

智能手机进入 Recovery 模式的方法有多种，以下是一些常见的方法。

1) 通过按键组合进入 Recovery 模式

将手机关机，按住音量上键和电源键不放，直到出现 MI 的标志，松开电源键，再等待片刻就可以进入 Recovery 模式了。

在 Recovery 模式中，可以使用音量键进行选择，电源键则是确认键。可以选择 wipe data/factory reset 等选项进行操作。

2) 通过线刷工具进入 Recovery 模式

下载小米官方的线刷工具，使手机进入 Fastboot 模式。连接电脑，打开线刷工具，选择 Recovery 模式，点击"刷入"即可。

3) 通过第三方应用程序进入 Recovery 模式。

在应用市场中下载安装第三方的 Recovery 管理软件。打开软件，选择进入

Recovery 模式即可。

4. 双清或四清

双清和四清是智能手机刷机前的两种清除数据的方法。

双清是指清除应用数据和用户设置，会清除用户的所有应用数据、照片、音乐和其他用户数据，但保留 sdcard 上的文件。

四清则是在双清的基础上，增加清空 dalvik 分区和格式化 system 分区。四清是最完整的 wipe，把系统、缓存、用户数据等全部清除，清除之后若刷机失败，则不能进入系统。

5. 选择刷机包（从 SD 卡里选择 zip 文件，即之前下载的 ROM 包）

刷机包是用于刷机的数据包，通常包含所需的驱动、系统设置、应用程序等。刷机包的选择取决于用户使用的智能手机型号。例如，对于小米的某些型号，如小米 6(全网通)、小米 2/2S、小米 5(全网通)、小米 Note3 等，对应的刷机包会有所不同。具体到其他品牌，如 OPPO 和 vivo，它们的刷机包同样会根据具体型号而有所不同。

对于刷机包的选择，首先要确定手机型号和想要刷入的系统版本。然后，从网上下载对应的刷机包，通常以 ".zip" 格式结尾。确保下载的刷机包是可靠和安全的，避免因恶意软件或不稳定固件导致的风险。

在下载好 ROM 后，将其复制到手机外置 SD 卡的根目录下。然后，将手机关机，同时按住音量上键 (有些手机是下键)+ 电源键 / 音量上键 +home 键 + 电源键不放，待屏幕亮起后松开按键，此时手机会进入一个全英文的界面，简称 Recovery 模式。

在 Recovery 模式中，首先使用音量上下键选择第一个选项 wipe data/factory reset(清除数据，恢复出厂设置)，然后选择 "install zip from sdcard" (从 SD 卡安装 zip 文件)，接着选择 "choose zip from sdcard" (从 SD 卡中选择 zip 文件)，找到之前下载并保存在 SD 卡中的 ROM 刷机包，确认选择并开始刷机过程。

刷机完成后，手机会自动重启并进入新的系统版本。需要注意的是，在刷机过程中要格外小心，并确保选择的 ROM 刷机包与手机型号和系统版本相匹配。如果不确定或遇到问题，建议寻求专业人士的帮助或指导。

刷机有一定的风险，可能会导致手机无法正常使用。因此，除非非常熟悉刷机的过程和风险，否则不建议自行刷机。如果手机出现问题，建议寻求专业维修人员的帮助。

在选择智能手机刷机包时，需要考虑以下几个方面：

一是适配型号：首先确认需要刷机的手机型号，以及是否有可用的刷机包。一些特定的刷机包可能只适用于特定的手机型号，因此要确保选择正确的刷机包。

二是系统版本：考虑想要刷入的系统版本。新版本的刷机包通常包含最新的系统更新和功能，而旧版本的刷机包可能具有更好的稳定性和兼容性。

三是功能性：不同的刷机包可能有不同的功能和特点。例如，某些刷机包可能包含更多的定制选项，而另一些可能更注重性能和稳定性。用户根据需求选择适合的刷机包即可。

当从 SD 卡中选择 zip 文件进行刷机时，具体步骤如下：

(1) 确保已经下载了正确的 ROM 刷机包，并将其保存到 SD 卡中。

(2) 将 SD 卡插入智能手机中，确保手机处于关机状态。

(3) 按住音量下键和电源键，进入手机的 Recovery 模式。

(4) 在 Recovery 模式中，选择"从 SD 卡选择刷机包"或类似选项。

(5) 选择之前下载并保存在 SD 卡中的 zip 格式的 ROM 刷机包。

(6) 确认选择并开始刷机过程。根据不同的手机型号和 ROM 版本，刷机过程可能会有所不同，可能需要一些时间来完成。

(7) 刷机完成后，手机将会自动重启并进入新的系统版本。

(8) 点击安装，安装成功后会有提示。

5.1.3　智能手机刷机的技巧

智能手机刷机是一种常见的操作，可以帮助用户更新系统、修复错误或增加功能。以下是一些刷机技巧：

(1) 备份数据：在刷机之前，务必备份手机中的重要数据，如联系人、短信、照片等，以免在刷机过程中丢失。

(2) 确认固件版本：在刷机之前，确认使用的固件版本适合手机型号，并确保下载的固件是官方或可信的第三方版本。

(3) 使用最新版本的刷机工具：确保使用最新版本的刷机工具进行刷机操作，这可以确保刷机过程中的稳定性和安全性。

(4) 关闭防病毒软件：在刷机之前，关闭手机上的防病毒软件，以免干扰刷机过程。

(5) 遵循操作步骤：在刷机过程中，应遵循操作步骤，按照提示进行操作，避免出现错误。

(6) 保持手机电量充足：在刷机过程中，保持手机电量充足，以免因电量不足导致刷机失败。

(7) 不要随意中断刷机过程：在刷机过程中，不要随意中断刷机过程，以免造成系统损坏或手机无法正常使用。

(8) 刷机后重置手机：在刷机完成后，应重置手机，以确保系统的正常运行。

5.1.4　智能手机照片资料的恢复方法

智能手机照片资料的恢复方法常见的有以下几种：

(1) 云备份恢复：如果开启了云备份功能，可以尝试从云端恢复照片。打开手机的云服务界面，选择相应的照片备份进行恢复即可。

(2) 最近删除恢复：大部分手机都具备"最近删除"功能。打开相册，找到"最近删除"选项，选择需要恢复的照片进行恢复即可。

(3) 第三方数据恢复软件：如果以上两种方法都不可行，可以尝试使用第三方数据恢复软件，如"恢复大师""数据恢复精灵"等。这些软件通过扫描手机存储设备，找到可能被删除但还未被覆盖的照片，然后进行恢复。需要注意的是，使用这些软件时要尽可能少使用手机，以免对数据造成更多的覆盖，从而无法恢复数据。

(4) 强力恢复精灵：对于苹果手机用户，可以使用"强力恢复精灵"进行数据恢复。首先在手机上下载"强力恢复精灵"，然后打开软件注册账号。注册成功后，选择需要恢复的类型，如照片，然后按照手机流程进行数据恢复即可。

(5) iCloud 备份恢复：对于使用苹果手机并开启 iCloud 备份功能的用户，可以在 iCloud 官网查看并恢复照片。首先，打开手机"Safari"，搜索 iCloud 官网并点击进入。然后，登录手机 Apple ID 查看 iCloud 备份的照片。接着，打开手机"设置"→"还原"，抹除手机所有内容后进入手机激活状态，选择"从 iCloud 云备份恢复"，等待数据恢复即可。

5.1.5   智能手机照片资料的恢复技巧

智能手机照片资料的恢复技巧包括以下几点：

(1) 尽快恢复：在发现照片被删除后，应尽快采取恢复措施。如果照片被删除后长时间没有进行恢复操作，可能会因为数据被覆盖而导致恢复难度增加。

(2) 避免再次删除：在恢复过程中，应避免对手机进行任何操作，尤其是删除或修改照片。这可能会导致数据被覆盖，从而增加恢复难度。

(3) 使用专业的数据恢复软件：专业的数据恢复软件可以对手机存储设备进行深度扫描，找到可能被删除的照片，并进行恢复。在选择数据恢复软件时，应选择可信赖的软件，并按照软件的提示进行操作。

(4) 避免格式化手机：如果在恢复过程中格式化手机，可能会导致数据被覆盖，从而增加恢复难度。因此，在恢复照片之前，应避免格式化手机。

(5) 从备份中恢复：如果开启了云备份或最近删除功能，可以从备份中恢复照片。这样不仅可以快速恢复照片，还可以避免因数据被覆盖而导致无法恢复的情况发生。

综上所述，以上技巧可以帮助用户快速有效地恢复智能手机中的照片资料。在恢复照片时，应尽快采取恢复措施，并避免对手机进行任何操作，以免影响恢复效果。

5.2 智能手机解锁

本 节 导 入

　　用户可能会因为长时间未使用而忘记手机的密码、PIN 码或图案锁。在这种情况下，解锁手机成为恢复访问的必要步骤。有时手机可能因为安全策略或多次尝试解锁失败而被锁定，这时用户需要执行特定的解锁步骤来重新获得对设备的访问权限。当购买二手手机或找回之前丢失的手机时，这些设备可能仍然被前任所有者或失窃时的锁定机制所限制，为了正常使用手机，新所有者需要进行解锁操作。有时为了进行软件更新或系统升级，手机需要先被解锁。这可以确保在更新过程中不会受到锁定机制的限制，从而顺利完成更新。下面了解手机解锁的具体方法。

5.2.1 智能手机解锁的概念

　　智能手机解锁是指通过特定的技术或方法，解除手机设备对于运营网络或系统文件的限制，使手机可以使用任意运营商的 SIM 卡或进行更多的系统设置修改。这通常涉及以下两个层面。

1. 网络解锁

　　一些移动通信设备运营商为维护自身利益，使某些特定产品与自身的网络进行绑定。手机解锁后，就可以使用任意运营商的 SIM 卡了。这包括软解和硬解两种方式。软解是指使用软件进行解锁，如官方提供的解锁工具或发烧友自己开发的解锁软件。硬解则是指使用物理方法改变手机硬件设置进行解锁，如 iPhone 设备的卡贴。

2. 系统解锁

　　BL 锁是指给手机系统加锁，防止用户对系统文件作出改动，导致手机崩溃的一个设置。进行系统解锁后，用户可以获得对手机的完全控制权，包括 Root 权限等，从而可以进行更多的系统设置，如修改或安装自定义的 ROM 等。

　　另外，随着技术的发展，智能手机解锁技术也在不断升级。新一代智能手机解锁黑科技主要基于人工智能和生物特征识别技术，如指纹识别、面部识别、虹膜识别等。这些技术具有更高的安全性和便捷性，可以保护用户的个人隐私，提高手机的使用体验。

5.2.2   智能手机解锁的流程

智能手机解锁的流程如下：

(1) 获取解锁码：不同的手机品牌和型号有不同的解锁码获取方式。有些手机可能需要提供购买凭证、保修卡或其他相关证明才能获取解锁码，而有些则可以通过软件或在线平台进行申请。

(2) 备份数据：在开始解锁之前，建议备份手机中的重要数据，以防止数据丢失。

(3) 下载软件和解码：根据手机型号和系统版本，下载并安装相应的解锁软件。这些软件通常需要与手机进行连接和认证，以确保安全性和准确性。然后通过解码工具对手机进行解码和解密操作。

(4) 清除锁屏密码：使用解锁软件或工具清除手机上的锁屏密码。若无法直接清除锁屏密码，则可以尝试使用双清功能来清除所有数据并恢复出厂设置。

(5) 设置新密码：重新设置新的锁屏密码或指纹识别等身份验证方式，确保设备的安全性。

(6) 重启手机：重启手机后，按照新设置的密码或指纹识别等方式进行登录。

需要注意的是，解锁是一项具有一定风险的操作，可能会失去官方的保修资格，且一些定制的功能和服务可能无法正常使用。因此，在决定解锁之前，需要权衡利弊，并确保了解所有可能的风险和后果。此外，建议选择可靠的第三方机构或官方渠道进行解锁操作，以保证安全性和准确性。

5.2.3   智能手机解锁的技巧

智能手机解锁需要一定技术知识和经验，以下是一些基本的智能手机解锁技巧：

(1) 了解手机型号和当前系统版本：在开始解锁之前，需要了解自己手机的型号和当前的系统版本，以便选择适合的解锁工具和方式。

(2) 备份重要数据：在解锁之前，务必备份手机中的重要数据，以防止数据丢失。

(3) 获取解锁码：不同的手机品牌和型号有不同的解锁码获取方式。有些手机可能需要提供购买凭证、保修卡或其他相关证明才能获取解锁码。因此，建议在解锁之前仔细阅读手机说明书或联系官方客服了解更多信息。

(4) 下载并安装解锁软件：根据手机型号和系统版本，下载并安装相应的解锁软件。这些软件通常需要与手机进行连接和认证，以确保安全性和准确性。

(5) 按照步骤进行操作：打开解锁软件，按照软件的提示进行操作。通常需要经过一系列的身份验证和密码输入步骤，具体流程可能因不同品牌和型号而异。

(6) 注意安全问题：在解锁过程中，需要注意安全问题，如不要让手机离开自己的视线范围，避免他人未经授权使用手机等。如果遇到任何异常情况，应立即停止操作并关闭手机。

（7）谨慎处理解锁结果：如果解锁成功，手机一般会进入一个全新的界面，需要重新设置各项参数和功能。此时需要谨慎处理，避免误操作导致手机无法正常使用。

5.3　智能手机元器件的识别、检测与焊接

本 节 导 入

　　智能手机元器件的识别、检测与焊接是手机维修、改造和升级中的重要任务。手机中包含许多不同的元器件，每种元器件都有其独特的外观和功能。元器件检测是确保手机维修和升级质量的关键步骤。通过检测，可判断元器件是否损坏、性能是否下降或是否存在其他问题。焊接是将元器件与电路板连接起来的重要步骤。

5.3.1　智能手机元器件的识别与检测

1. 电阻

1）电阻的识别

电阻常用 R 表示，它是耗能组件，在电路中起分压、分流、限流、偏置、负载等作用，其实物如图 5-1 所示。

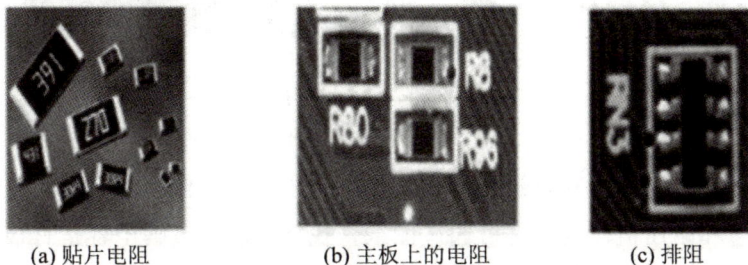

(a) 贴片电阻　　　　　(b) 主板上的电阻　　　　　(c) 排阻

图 5-1　手机中电阻实物图

手机中的电阻实物是片状矩形，无引脚，电阻体是黑色或浅蓝色，两头是银色的镀锡层。电阻的阻值直接标称在表面上，用三位数表示。其中，第一、二位

数为有效数字，第三位数为倍乘，即有效数字后面"0"的个数，单位是欧姆。精密电阻的标称数值为四位。例如，102 的阻值是 $10 \times 10^2 = 1\ \text{k}\Omega$；202 的阻值是 $20 \times 10^2 = 2\ \text{k}\Omega$。

2）电阻的检测

(1) 直接观察法，查看电阻外观是否受损、变形和烧焦变色，若有，则表明电阻已损坏。此法对其他元器件（如电容、电感等）均适用。

(2) 可以用万用表的电阻挡测量电阻的阻值，从表头上直接读取数字，即电阻的阻值，可与图纸所给的参数比较，相符是好的，否则是坏的。

2. 电容

1）电容的识别

电容常用 C 表示，是以电荷形式储存电场能的组件。它在电路中起耦合、旁路、滤波、隔直、振荡等作用，基本单位为法拉，记为 F，实际中，常用微法 μF、皮法 pF 来表示，电容的国际单位为 pF。在手机电路中，μF 级的电容一般为有极性的电解电容，而 pF 级的一般为无极性普通电容。它们之间的换算关系是：$1\ \text{pF} = 10^{-6}\mu\text{F} = 10^{-12}\text{F}$。注意：电容体上无单位标注的，其单位都是国际单位 pF。

普通电容的外形与电阻相同，为片状矩形，表面无文字或数字标注，但表面呈棕色或黑色，两边银色；电解电容的容量大，体积也大，有引脚，表面呈黄色或黑色，上面标有横杠的一端为电容的负极；常见的金属钽电解电容颜色鲜艳，极性突出一端为正极，另一端为负极；可调电容是一种可以改变电容量的电容，多用于寻呼机中。电容实物如图 5-2 所示。

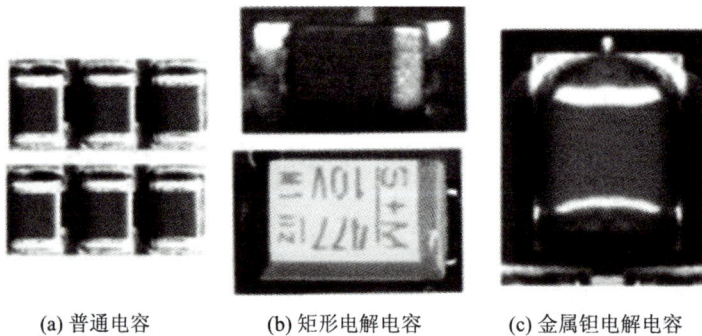

(a) 普通电容　　　(b) 矩形电解电容　　　(c) 金属钽电解电容

图 5-2　电容实物图

电解电容体积大，其容量与耐压值直接标注在电容体上，而金属钽电解电容则不标容量和耐压值，其值都可通过图纸查找。注意：电解电容是有极性的，使用时正、负极不可接反。有的普通电容容量采用符号标注，符号的含义是：第一位为字母，表示有效数字，其含义如表 5-1 所示；第二位为数字，表示有效数字后"0"的个数，其含义如表 5-2 所示，单位为 pF。

表 5-1　部分片状电容容量标识字母的含义

字符	A	B	C	D	E	F	G	H	I	K	L	M
有效值	1	1.1	1.2	1.3	1.5	1.6	1.8	2.0	2.2	2.4	2.7	3.0
字符	N	P	Q	R	S	T	U	V	W	X	Y	Z
有效值	3.3	3.6	3.9	4.3	4.7	5.1	5.6	6.2	6.8	7.5	9.0	9.1

表 5-2　部分片状电容容量标识数字的含义

数字	0	1	2	3	4	5	6	7	8	9
乘数	10^0	10^1	10^2	10^3	10^4	10^5	10^6	10^7	10^8	10^9

例如，电容体上标有"C3"字样，其容量是 $1.2 \times 10^3 \, pF = 1200 \, pF$。

2) 电容的检测

电容的常见故障是开路失效、短路击穿、漏电、介质损耗增大或电容量减小。对电容的测试一般用指针式万用表，可用 R × 1k 或 R × 10k 电阻挡粗略判断电容的好坏。

(1) 普通电容粗略检测方法：普通电容的容量比较小，一般在 1 μF 以下，很难看到其充放电的灵敏度指示。一般使用万用表测其是否短路，正常时，表针应在"∞"位置。若表针指在"0"处，则说明电容短路；若表针指在某一固定阻值处，则说明电容漏电。

(2) 电解电容粗略检测方法：电解电容的容量比较大，一般在 1 μF 以上，测试其有无充放电现象的方法为在表笔刚接上电容两引脚的瞬间，若表针右偏一下，然后慢慢地返回到"∞"的位置，则说明电容有充放电灵敏度指示，是好的。若电容漏电或短路，则万用表指示为"0"或停在某一位置不动。

3) 电容的特性

电容通交流，隔直流；通高频，阻低频。

3. 电感

1) 电感的识别

电感常用 L 表示，它是以磁场形式储存磁能的组件，电感是由无阻导线绕制而成的线圈，因此又称电感线圈。电感的符号与外形如图 5-3 所示。

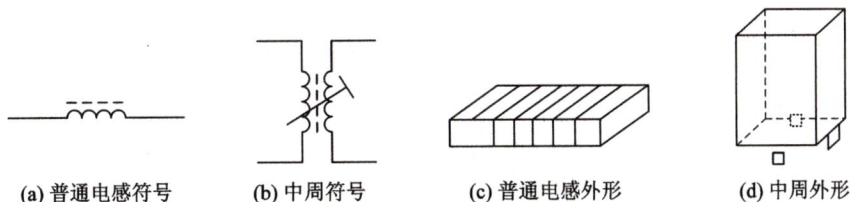

(a) 普通电感符号　　(b) 中周符号　　(c) 普通电感外形　　(d) 中周外形

图 5-3　电感的符号与外形

片状电感通常为矩形，分为片状叠层电感和绕线电感，其实物如图 5-4 所示。叠层电感又叫压模电感，其外观与片状电容相似。这种电感具有磁路闭合、磁通量泄漏少、不干扰周围元器件、可靠性高等优点。绕线电感采用高导磁性铁氧体磁芯提高电感量，这种磁芯对振动较敏感，需注意防振。在一个磁芯上绕一个线圈，称为自感；绕两个以上的线圈，称为互感或变压器。电感在电路中主要有两个作用：一是利用电感阻交流、通直流的特点，起限流、滤波、选频、谐振、电磁变换等作用；二是利用电感能产生感应电动势的特点（感应电动势的大小与电流变化的快慢有关），起脉冲产生、升压、电压变换等作用。

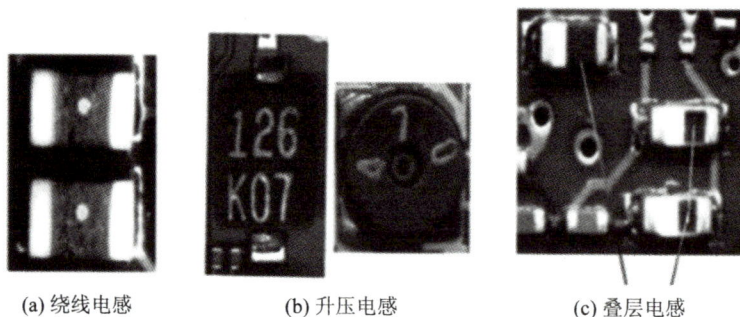

(a) 绕线电感　　　　　(b) 升压电感　　　　　(c) 叠层电感

图 5-4　电感实物图

电感的基本单位是亨利，记为 H，手机中常用的电感是 mH（毫亨）、μH（微亨）级，它们之间的换算关系式是：$1\,H = 10^3\,mH = 10^6\,\mu H$。

手机中用得最多的是普通电感，从外观上可以辨认出来，有的漆包线绕在磁芯上，有的漆包线隐藏。手机中还有很多 LC 选频电路电感，其外表一般为白色、绿色或一半白一半黑等，形状类似普通小电容，这种电感即叠层电感。可通过图纸和测量方法将电感与电容区分开。

2) 电感的检测

通常情况下，用万用表的 R×1 电阻挡测量电感的阻值，测得的电阻值极小，一般为零是好的，否则是坏的。

由于电感属于非标准件，不像电阻那样方便检测，且在电感体上没有任何标注，因此一般借助图纸上的参数标注来识别。在维修时，一定要用与原来相同规格、参数的电感进行代换。

3) 电感的特性

电感通低频，阻高频；通直流，阻交流。

4. 滤波器

滤波器是由滤波电路组成的，滤波电路的作用是让指定频段的信号能比较顺利地通过，而对其他频段的信号起衰减作用。滤波器从性能上可以分为低通 (LPF)、高通 (HPF)、带通 (BPF)、带阻 (BEF) 四种。LPF 主要用在信号处于低频（或直流成分），并且需要削弱高次谐波或频率较高的干扰和噪声等场合；HPF 主要用在信号处于高频，并且需要削弱低频（或直流成分）信号等场合；BPF 主要用来突出有用频段的信号，削弱其余频段的信号或干扰和噪声；BEF 主要用来抑制干扰，如信号中常含有不需要的交流频率信号，可针对该频率加 BEF，使之削弱。在手机电路中，四种滤波电路都会用到，如接收电路需要 HPF，在频率合成电路中需要 BPF，在电源和信号放大部分需要 LPF 和 BEF。

1) 滤波器的识别

从器件材料上看，手机中的滤波器可分为 LC 滤波器、陶瓷滤波器、声表面滤波器、晶体滤波器。手机中常用的滤波有本振滤波、射频滤波和中频滤波等。

手机中大量采用声表面滤波器、晶体滤波器和陶瓷滤波器，实物如图 5-5 所示。陶瓷滤波器和声表面滤波器容易集成实现小型化，频率固定，不需调谐，常见于手机的射频、中频滤波等。实际应用中，滤波器的主要引脚有输入、输出和接地端。滤波器是无源器件，所以没有供电端。

(a) 声表面滤波器　　　　(b) 晶体滤波器　　　　(c) 陶瓷滤波器

图 5-5　手机滤波器实物图

2) 滤波器的检测

滤波器是易损组件，受震动或受潮都会导致其性能改变。可以用频谱分析仪准确检测滤波器的带宽、Q 值、中心频点等参数。滤波器无法用万用表检测，在实际维修中可简单地用跨接电容的方法判断其好坏，也可用组件代换法鉴别。

5. 半导体器件与集成模块

1) 二极管

二极管是具有明显单向导电性或非线性伏安特性的半导体器件。它由一个 PN 结构成，具有正向电阻小、反向电阻大的特点。其实物如图 5-6 所示。

图 5-6　二极管实物图

(1) 二极管的识别。

不同类别的二极管，在电路中的作用也不相同。普通二极管用于开关、整流、隔离；发光二极管用于键盘灯、显示屏灯、照明；变容二极管采用特殊工艺使 PN 结电容随反向偏压反比例变化，变容二极管是一种电压控制元件，通常用于压控振荡器 (VCO)，改变手机本振和载波频率，使手机锁定信道；稳压二极管用于简单的稳压电路或产生基准电压。

二极管的外形与电阻、电容相似，有的呈矩形，有的呈柱形，两边是引脚。在手机中，经常采用双二极管封装，有 3 ～ 4 个引脚，难以辨认，还会与三极管混淆，可以借助电路原理图核对，或通过测量后才能确定其引脚。

(2) 二极管的检测。

手机中常见二极管有普通二极管、发光二极管、稳压二极管和变容二极管。

普通二极管的检测：根据二极管正向电阻小、反向电阻大的特点可判别二极管的极性。将万用表拨到欧姆挡，一般为 R × 100 或 R × 1k 挡，用表笔分别与二极管的两极相连，测出两个阻值，在所测得阻值较小的一次，与黑表笔相接的一端是二极管正极，与红表笔相接的一端为二极管负极。若测得的反向电阻很小，则说明二极管内部短路；若正向电阻很大，则说明二极管内部断路。这两种情况均说明二极管已损坏。正常时，一般二极管正向电阻为 5 ～ 20 kΩ，反向电阻为 "∞"。

发光二极管的检测：在检测发光二极管时，需将万用表置于 R × 1k 或 R × 10k 挡，正向电阻小于 50 kΩ，反向电阻大于 200 kΩ 为正常。

稳压二极管的检测：用万用表的低阻挡 (R × 1k 挡以下) 测量稳压二极管正反向电阻时，其阻值和普通二极管一样，原因是万用表的表内电池为 1.5 V 不足以使稳压二极管反向击穿。要测量稳压二极管的稳压值 u_z，必须使稳压二极管进入反向击穿状态，当用万用表的高阻挡 (R × 10k 挡) 时，表内电池为高压电池 (E_0)，测稳压二极管的反向电阻为 R_X，则

$$u_z = \frac{E_0 \times R_X}{R_X + nR_0}$$

式中：n 为万用表所用挡次的倍乘数，如 R × 10k 挡，$n = 10000$；R_0 为万用表的中心阻值。

变容二极管的检测：只能用万用表检测变容二极管是否短路，不能检测其性能。在实际检测中，常用代换法检测其性能。如果要准确测试二极管的性能参数，需要用晶体管特性图标仪。

2) 三极管

(1) 三极管的识别。

三极管有 NPN 和 PNP 两种类型，三极管的实物如图 5-7 所示。在三极管实物图上，标注了三极管的极电极，而三极管的类型以及发射极和基极的判断需利用图纸或万用表测量来区分。其中 4 脚三极管中有两极相通 (集电极或发射极)。

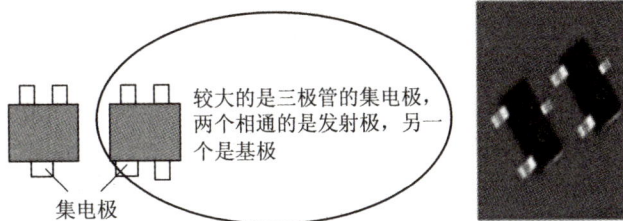

较大的是三极管的集电极，两个相通的是发射极，另一个是基极

集电极

图 5-7 三极管实物图

三极管是组成电子线路的基础器件。以三极管为核心，配以适当的阻容元件就能组成一个电路。三极管的作用有放大、振荡、开关、混频、调制等。

(2) 三极管的检测。

① 三极管类型及基极的判别：手机电路中的三极管都是小功率管，可用万用表的 R×1k 或 R×100 欧姆挡测量，用黑表笔接触某一管脚，红表笔分别接触另外两个管脚，若表头读数都很小，则黑表笔接触的那一管脚是基极，同时判断此三极管为 NPN 型。若用红表笔接触某一管脚，而黑表笔分别接触另外两个管脚，表头读数同样都很小，则与红表笔接触的那一管脚是基极，同时判断此三极管为 PNP 型。

② 三极管发射极和集电极的判别：以 NPN 三极管为例，确定基极后，假定其余两个管脚中的任意一个是集电极，将黑表笔接到此管脚上，红表笔则接到假定的发射极上。用手指把假设的集电极和基极捏起来（不要将基极和集电极短接），观察表针指示，并记录下此阻值的读数。然后再作相反的假设，即把原来的集电极假设为发射极，做相同的测试并记录下此阻值的读数。比较两次读数的大小，阻值较小的（或者指针摆动较大的）黑表笔所接的管脚为集电极，剩下的管脚便是发射极。若是 PNP 型三极管，仍用上述方法，则红表笔所接的管脚为集电极。

③ 三极管好坏的判别：三极管的好坏可通过用万用表的 R×1k 或 R×100 挡测试三极管的 BE 结、BC 结和 CE 极间正反向电阻来判断。BE 结和 BC 结均为 PN 结特性，故与二极管的检测方法相似。

3) 场效应管

场效应管 (FET)，是用电压控制电流的半导体器件。场效应管有三个电极，分别是栅极 G、源极 S、漏极 D。根据制作工艺，场效应管可分为结型 (JFET) 和绝缘栅型 (MOSFET) 两类。绝缘栅型场效应管的绝缘物是氧化物。场效应管的电流通路称为沟道，根据沟道部分的半导体是 N 型和 P 型，场效应管又分为 N 沟道和 P 沟道两类。沟道是由栅极控制的。

(1) 场效应管的识别。

场效应管与三极管都可以作为放大器，二者有许多相似之处。场效应管的三个电极为栅极 G、源极 S、漏极 D。它们分别对应于三极管的基极 B、发射极 E、集电极 C。但与三极管相比，场效应管具有很高的输入电阻，工作时栅极几乎不取信号电流，因此它是电压控制组件，具有低功耗、低噪声的特点。

以场效应管为核心，配以适当的阻容元件，就能构成功率放大、振荡、混频、调制等各种电路，其作用与三极管相同。场效应管实物如图 5-8 所示。

图 5-8　场效应管实物图

(2) 场效应管的检测。

场效应管的外形与三极管相同，在电路板上很难辨别哪个是场效应管，哪个是三极管，一般借助于图纸才能确定。场效应管类型的检测方法如下：

① JFET 型及栅极 G 的判别：将万用表置于 R × 1k 挡，红表笔接在假定的栅极 (G) 上，黑红表笔分别接另外两个引脚，若两次测得阻值均很大，则判定为 JFET 型的 N 沟道；若两次测得的阻值均很小，则判定为 JFET 型的 P 沟道，且假定的栅极为红表笔所测端，假设成立。由于工艺上对称，漏极 D、源极 S 不用判断，可交换使用。

② MOSFET 电极的判别：将万用表置于 R × 100 挡，用黑、红表笔测任意两引脚间的正、反向电阻，若两引脚间阻值为数百欧姆，则表笔接的是漏极 D、源极 S，表笔未接引脚为栅极 G。

③ MOSFET 好坏的判别：将万用表置于 R × 1k 挡，测量漏极 D、源极 S 间正、反向电阻，可判断 MOSFET 的好坏。NMOSFET 判别示意图如图 5-9 所示，红表笔置于 S 引脚，黑表笔置于 D 引脚，测 D、S 间电阻，再反过来测量，若 2 次阻值均很大，则该管是好的，否则是坏的。对于 PMOSFET，该方法同样适用。

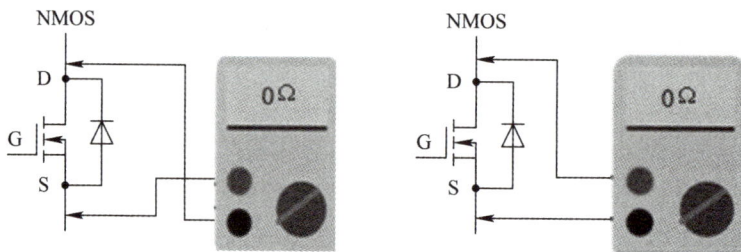

图 5-9　NMOSFET 判别示意图

④ FET 使用注意事项：FET 的输入阻抗高，很小的电流都会产生很高的电压，使其击穿，因此拆卸场效应管时需使用防静电的电烙铁，最好使用热风枪。另外栅极不可悬浮，以免栅极电荷无处释放击穿场效应管。

4) 集成模块

集成模块，又称集成电路，它采用特殊的半导体工艺方法，在很小的半导体硅片上，制作出成千上万个组件连成一个整体电路，并封装在一个壳体中，它有供电端、接地端、控制端和输入/输出端。集成电路具有体积小、功耗低、成本低、可靠性高、功能强等优点。

(1) 集成电路的识别。

在手机中常称某集成电路 (IC) 为射频 IC、中频 IC 和电源 IC 等。

IC 内最容易集成的是 PN 结，也能集成小于 1000 pF 的电容，但不能集成电感和较大的组件，如电位器等。因此，IC 对外要有许多引脚，将那些不能集成的元件连到引脚上，组成整个电路。在手机中，采用的模拟集成电路有中频 IC、混频 IC、电源 IC、音频处理 IC；采用的数字集成电路有语音编码、中央处理器、字库和内存等。

由于 IC 的内部结构很复杂，因此在分析时，侧重于其主要功能、输入、输出、供电及对外呈现出来的特性等，并将其看成一个功能模块，主要分析 IC 的引脚功能、外围组件的名称及其作用等。

为了缩小手机的体积，IC 大都采用薄膜扁平封装形式和表面贴焊技术，常用封装方式有小外型封装 (SOP)、四方扁平封装 (QFP) 和球栅数阵列内引脚封装 (BGA)，如图 5-10 所示。

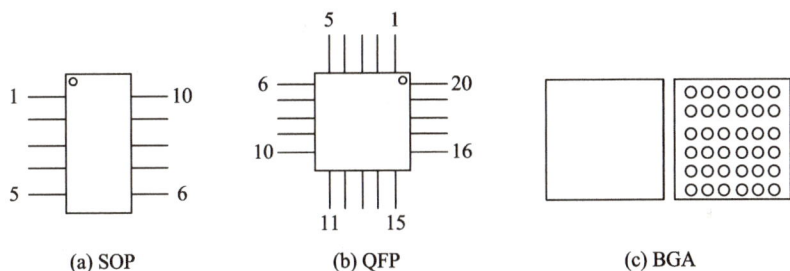

图 5-10 IC 封装类型

小外型封装 (SOP) 的引脚分布在芯片的两边，小圆圈为 1 脚的标志位，其他管脚按次序逆时针排列。手机中常见的采用 SOP 封装的元器件有电子开关、频率合成器 (SYN)、功率放大器 (PA)、功率控制 (PAC) 及码片 (EEPROM) 等。

四方扁平封装 (QFP) 的芯片为正方形，引脚数目在 20 个以上，平均分布在四边，如图 5-10(b) 所示。1 脚的确定办法是，IC 表面字正方向左下角圆点为 1 脚标志，或者 IC 打 "?" 的标记处，对应的引脚为第 1 脚。这种封装形式主要应用于射频电路、语音处理器、电源电路等。

球栅数阵列内引脚封装 (Ball Grid Arrays，BGA)，其引脚按行线、列线区分，每个引脚的功能根据不同器件确定。如诺基亚 8210/8850、摩托罗拉 V70、三星 T408 等手机都采用了 BGA IC。

(2) 集成电路的检测。

由于 IC 有许多引脚，外围组件又多，所以要判断 IC 的好坏比较困难，常用

✎ 检测方法有在路测量法、触摸法、观察法 (加电是否发烫,大电流,有无鼓包、变色)、元件置换法、对照法等。

维修时采用观察法观其是否有鼓包、变色及裂纹等。若无上述现象可用按压法观察手机工作情况,从而判断 BGA IC 是否虚焊。更换时须用植锡板重作球栅,要求植好的球栅光亮、均匀。焊接时注意 IC 的方向。一般不要轻易更换 IC。

6. 电声器件、压电器件及其他器件

1) 电声器件

电声器件是一种电—声转换器,它能将电能转换为声能或机械能,也能将声能或机械能转换为电能。电声器件包括送话器、听筒、振铃器等。

(1) 送话器。

① 送话器的识别:送话器是电声器件的一种,是将声音转变为电信号的电—声转换器,俗称话筒或麦克风。它有动圈式、电容式、碳粒式和压电式几种形式,手机中应用驻极体电容话筒,其实物如图 5-11 所示。

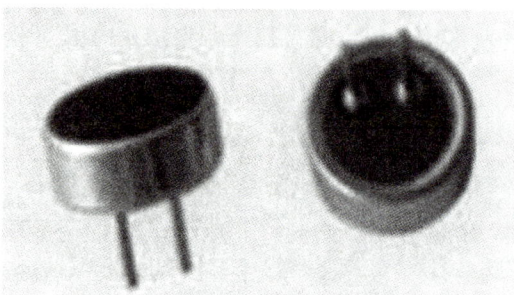

图 5-11　送话器实物图

② 送话器的检测:通常将万用表的黑表笔接送话器的漏极,红表笔接送话器的源极或外壳上,用嘴吹送话器,观察万用表的指示。若无指示,则说明送话器已损坏;若有指示,则说明送话器是好的,表针指示范围越大,说明送话器灵敏度越高。在实际检测中也可以采用直接代换法来判断其好坏。

(2) 听筒与振铃器。

① 听筒与振铃器的识别:听筒又称为扬声器、喇叭,也是一种电声器件。它是利用电磁感应、静电感应、压电效应等将电能转换为声能,并将其辐射到空气中,与送话器的作用刚好相反。听筒的种类很多,手机中多采用动圈式听筒,属于电磁感应式。目前手机中越来越多的采用高压静电式听筒,它是在两个靠得很近的导电薄膜间加电信号,在电场力的作用下,导电薄膜发生振动,从而发出声音。振铃器又称为蜂鸣器,其原理与听筒相同,也采用电磁感应式。听筒与振铃器实物如图 5-12 所示,实际外形呈圆形。

② 听筒与振铃器的检测:听筒与振铃器的检测方法很简单,用万用表的 R × 1 电阻挡测其两端电阻。正常时,电阻应接近零,且表笔断续点触时,听筒与振铃器应发出"喀、喀"声。

图 5-12　听筒、振铃器实物图

2) 石英晶体

石英晶体是利用具有压电效应的石英晶体片制成的器件。它在手机中用于产生锁相环的基准频率和主时钟信号。在电路中，晶体片受到外加交变电场的作用可产生机械振动。当交变电场的频率与芯片的固有频率一致时，振动会变得很强烈，这就是晶体的谐振特性。由于石英晶体的物理和化学性能都十分稳定，因此在要求频率十分稳定的振荡电路中，常用它作谐振组件，组成晶体振荡器。

(1) 石英晶体的识别。

石英晶体实物如图 5-13 所示，手机中石英晶体外形与滤波器相似。常用晶体频率有 13 MHz、19.5 MHz、26 MHz 等。

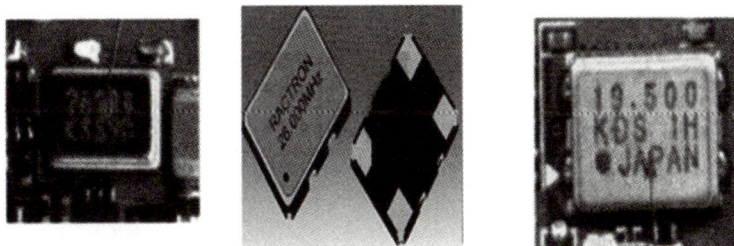

(a) 26 MHz晶体　　　　　　　　　(b) 19.5 MHz晶体

图 5-13　石英晶体实物图

(2) 石英晶体的检测。

与滤波器一样，石英晶体受震动或受潮都会导致其损坏、频点偏移或损耗增加。可以用频谱分析仪准确检测其 Q 值因子、中心频点等参数。

石英晶体无法用万用表检测，由于石英晶体引脚少，替换很容易，因此在实际检测中，常用组件代换法鉴别。代换时注意用相同型号晶体，保证管脚匹配。

3) 接插件、开关件及磁控开关

(1) 接插件。

接插件又称连接器或插头座，其实物如图 5-14 所示。在手机中，接插件可以提供简便的插拔式电气连接，为组装、调试、维修提供方便。例如，手机的按键板与主板的连接，手机底部与外部设备的连接，均由接插件来实现。

图 5-14　接插件实物图

接插件最易变形，一旦变形，会造成接触不良。在使用时，注意不能让接插件受热变形或受力损坏。

(2) 开关件。

开关件在手机中用于换接电路和产生控制信号，常用的开关件有拨动开关和按压开关，如图 5-15 所示。手机中大量使用按压开关，它是用导电橡胶做成的。当开关按下时便接通，放开后便断开，这样就会产生一个控制信号。

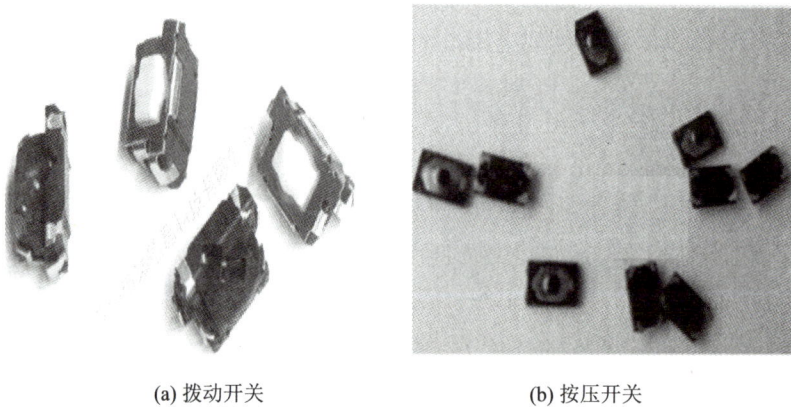

(a) 拨动开关　　　　　　　　　　　　(b) 按压开关

图 5-15　手机中的拨动开关和按压开关

开关件的检测比较简单，用替换法或短路连接便可判断其好坏。当然，如果键盘中某一个按键失效，一般是由于该开关键导电橡胶出了问题。

(3) 磁控开关。

① 干簧管。它是一种具有密封接点的继电器，由干簧片、小磁铁、内部真空的隔离罩等组成，如图 5-16 所示。干簧片由铁磁性材料做成，接点部镀金，所以它既是导磁体又是导电体。当小磁铁接近干簧片时，两簧片自动吸合；当小磁铁远离干簧片时，两簧片自动断开。因此，干簧管可以作为开关使用。

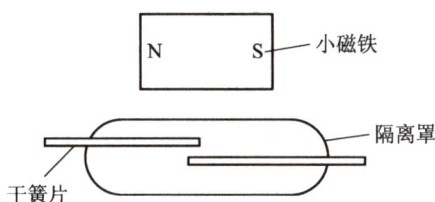

图 5-16　干簧管示意图

在翻盖手机中，常用干簧管锁定键盘，如摩托罗拉 V998、V8088 等前板上的干簧管。

② 霍尔器件。霍尔器件是一种电子元件，外形与三极管相似，如图 5-17(a) 所示。其中，VCC 为电源，GNS 为接地端，VOC 为输出端。其内部由霍尔器件、放大器、施密特电路和集电极开路 OC 门组成。它与干簧管一样等同于一个受控开关，如图 5-17(b) 所示。由于干簧管的隔离罩易破碎，近年来采用改进型的干簧管即霍尔器件，其控制作用等同于干簧管，但比干簧管的开关速度快，因此在诸多品牌手机中得到广泛的应用。在实际维修中，当干簧管或霍尔器件出问题时，常常导致手机失灵。

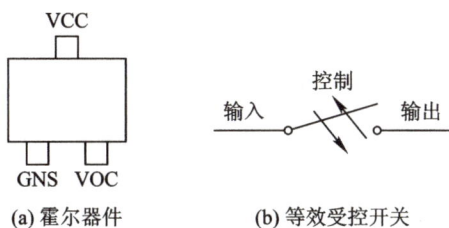

(a) 霍尔器件　　　　(b) 等效受控开关

图 5-17　霍尔器件及其等效特性

4) 天线

手机天线如图 5-18 所示。天线锈蚀、断裂、接触不良均会引起手机灵敏度下降、发射功率减弱。

(a) 外置天线　　　　　　　　　(b) 内置天线

图 5-18　天线类型

5) 功率放大器与定向耦合器

(1) 功率放大器。

功率放大器用于手机发射电路的末级。手机中的常见功率放大器如图 5-19

所示。

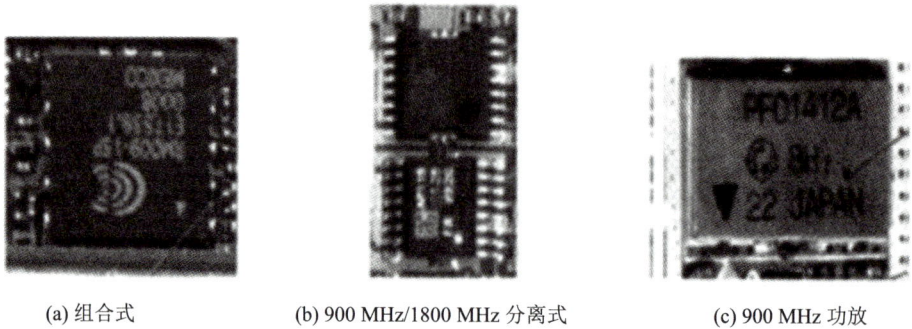

(a) 组合式   (b) 900 MHz/1800 MHz 分离式   (c) 900 MHz 功放

图 5-19   手机中的常见功率放大器

功率放大器的电路形式比较简单，但功率放大器的供电及功率控制却各有特点。

① 功率放大器的供电。

手机在守候状态时，功率放大器不工作，不消耗电能，其目的是延长电池的使用时间。手机中的功率放大器供电有两种情况：一是电子开关供电型；二是常供电型。电子开关供电是在守候状态，电子开关断开，功率放大器无工作电压，只有手机发射信号时，电子开关闭合，功率放大器才供电；常供电型的功率放大器工作于丙类，在守候状态虽有供电，但功放管截止，不消耗电能，有信号时功率放大器进入放大状态。丙类工作状态通常由负压提供偏压。

② 功率放大器的功率控制。

手机功率放大器在发射过程中，其功率是按不同的等级工作的，功率等级控制来自功率控制信号。控制信号主要来自两个方面：一是由定向耦合器检测发信功率，反馈到功率放大器，组成自动功率控制 APC 环路，用闭环反馈系统进行控制；二是功率等级控制，手机的收信机不停地测量基站信号场强，送到 CPU 处理，据此算出手机与基站的距离，产生功率控制资料，经数 / 模变换器变为功率等级控制信号，通过功率控制模块，控制功率放大器发信功率的大小。功率放大器的负载是天线，在正常工作状态，功率放大器的负载是不允许开路的。因为负载开路会因能量无处释放而烧坏功率放大器。

(2) 定向耦合器。

定向耦合器与功率放大器的连接示意图如图 5-20(a) 所示，定向耦合器实物如图 5-20(b) 所示。定向耦合器是一种通用的微波 / 毫米波部件，一般由带状线或微带线构成。通过定向耦合器可对发射机的输出信号进行取样和监测，确保手机的发射功率符合标准。图 5-20(a) 中，定向耦合器实时取样手机的发射功率，与基站对手机进行发射功率累计控制的功率等级控制信号对应功率在功率控制 IC 模块中比较，将功率误差转换成一个电压值，该电压值会不断的变化，从而改变功率放大器的放大倍数，实时改变手机的发射功率。

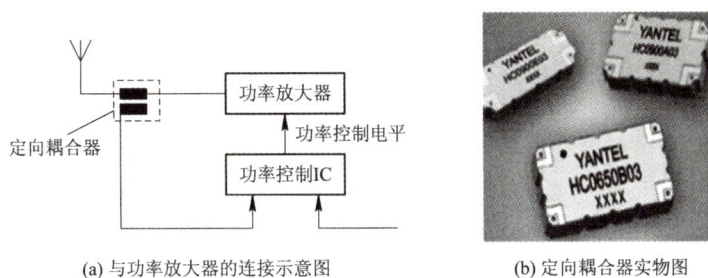

(a) 与功率放大器的连接示意图　　(b) 定向耦合器实物图

图 5-20　定向耦合器

7. 手机键盘与液晶显示器

1) 键盘

手机中的键盘电路 (除触摸屏) 一般是 4 × 5 矩阵，采用动态扫描方式，如图 5-21 所示。

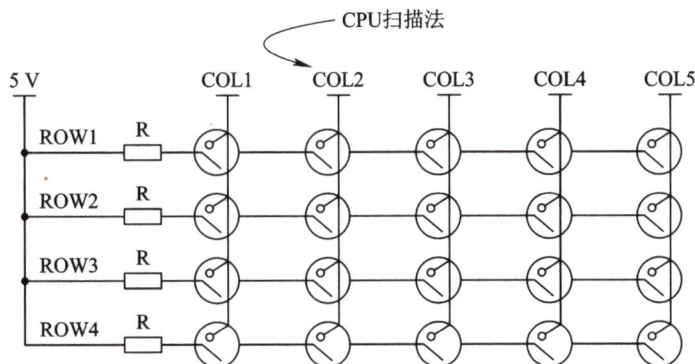

图 5-21　键盘电路

2) 液晶显示器

液晶显示器的组成及实物如图 5-22 所示。

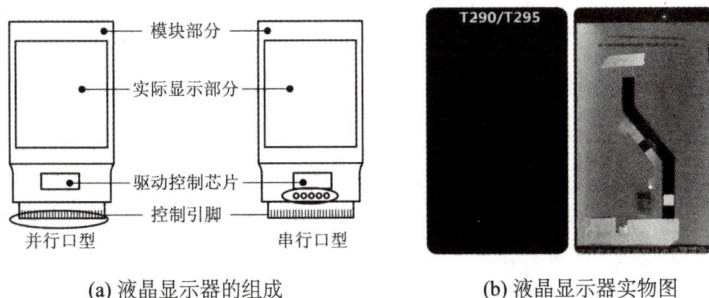

(a) 液晶显示器的组成　　(b) 液晶显示器实物图

图 5-22　液晶显示器

液晶是一种介于固体和液体之间的物质，在电场的作用下，其光学性能发生变化。将涂有导电层的基片按图形灌注液晶并封好，然后将译码电路的输出端与各管脚相连，加上被控电压，液晶显示器透明度和颜色随着外加的电场而变化，从而显示出相应的数字、文字图形等。液晶显示器接收微处理器 (CPU) 送来的显示指令和数据，经过分析、判断和存储，按一定的时钟速度将显示的点阵信息输出至行和列驱动器进行扫描，以 75 Hz 帧的速率更新屏幕，人眼在外界光的反射下，就可以看见液晶显示屏上的内容。更换显示屏时应特别小心，尤其注意显示屏上的软连线，不能折叠，显示屏应轻取轻放，不能用力过大，维修时不要用风枪吹屏幕，也不能用清洗液清洗屏幕，否则屏幕不显示，显示屏属于易损元件，维修时应特别注意。

5.3.2　智能手机元器件的焊接

1. 集成电路的焊接

1) 焊接前的准备

在焊接之前，除备有热风枪、电烙铁等基本工具外，还应准备好真空吸笔、手指钳、带灯放大镜、手机维修平台、防静电手腕、小刷子、吹气球、医用针头等辅助工具，以及松香水 (酒精和松香的混合液)、无水酒精、焊锡等备料。

2) 850 热风枪的使用及集成电路的拆焊

(1) 拆卸前的准备：① 烙铁、手机维修平台应良好接地。② 记住集成电路的定位情况，以便正确恢复。③ 根据不同的集成电路选择合适的热风枪喷头。④ 在集成电路的管脚周围加注松香水。

(2) 拆卸技巧：① 调好热风枪的温度和风速。拆卸集成电路时，温度开关一般调至 3 ～ 6 挡，风速开关调至 2 ～ 3 挡 (拆卸小型电子元件时，风速开关应调至 2 挡以内，绝对不能调得过大，否则，易把小元件吹跑)。② 用单喷头拆卸时，应注意使喷头和所拆集成电路保持垂直，并沿集成电路周围引脚慢速旋转，均匀加热，喷头不可触及集成电路及周围的外围元件，吹焊的位置要准确，且不可吹跑集成电路周围的外围小元件。③ 待集成电路的引脚焊锡全部熔化后，用小起子或镊子将集成电路掀起或镊走，且不可用力，否则，极易损坏集成电路的锡箔。

(3) 焊接技巧：① 将焊接点用平头烙铁整理平整，必要时应对焊锡较少焊点进行补锡，然后用酒精清洁焊点周围的杂质。② 将更换的集成电路和电路板上的焊接位置调整好，最好用放大镜进行调整，使之完全对正。③ 先焊四角，将集成电路固定，再用风枪吹焊四周。焊好后应注意冷却，不可立即触碰集成电路，以免其发生位移。④ 冷却后，用放大镜检查集成电路的引脚有无虚焊，应用尖头烙铁进行补焊，直至全部正常为止。

3) 电烙铁的使用

与 850 热风枪同样功能的另一维修工具是 936 电烙铁，936 电烙铁有防静电的 (一般为黑色)，也有不防静电的 (一般为白色)，选购 936 电烙铁最好选用防静电可调温度的。在功能上，936 电烙铁主要用来焊接，使用方法十分简单，只要用电烙铁头对准所焊元器件焊接即可，焊接时最好使用助焊剂，有利于焊接良好又不造成短路。

2. BGA IC 的拆卸、植锡和安装

1) 植锡工具的选用

(1) 植锡板。

市面上出售的植锡板大体分为两种：一种是把所有型号的 BGA IC 集中在一块大的连体植锡板上；另一种是一种 BGA IC 一块板。这两种植锡板的使用方式不一样。

连体植锡板的使用方法是将锡浆印到 IC 上后，就把植锡板扯开，然后用热风枪吹成球。小植锡板的使用方法是将 IC 固定到植锡板下面后，刮好锡浆后和板一起吹，成球冷却后再将 IC 取下，下面介绍的方法都是使用这种植锡板。

(2) 锡浆。

锡浆建议使用瓶装进口的，多为 0.5 ~ 1 kg 一瓶。在应急使用中可自制锡浆，用热风枪将熔点较低的普通焊锡丝熔化成块，用细砂轮磨成粉末状，然后用适量助焊剂搅拌均匀后备用。

(3) 刮浆工具。

刮浆工具可选用 GOOT 六件一套助焊工具中的扁口刀。

(4) 热风枪。

热风枪最好使用有数控恒温功能的，容易掌握温度，去掉风嘴直接吹焊。

(5) 助焊剂。

助焊剂建议选用日本产的 GOOT 牌，也可选用松香水之类的助焊剂，效果也很好。

(6) 清洗剂。

清洗剂用天那水最好，天那水对松香助焊膏等有极好的溶解性，不要使用溶解性不好的酒精。

2) BGA IC 的拆卸

(1) BGA IC 的定位

在拆卸 BGA IC 之前，一定要记清 BGA IC 的具体位置，以方便焊接安装。在一些手机的电路板上，印有 BGA IC 的定位框，这种 BGA IC 的焊接定位一般不成问题。在电路板上没有定位框的情况下，BGA IC 的定位方法有画线定位法、贴纸定位法、闷测法。

(2) 拆卸。

在芯片上面放适量助焊剂，既可防止干吹，又可帮助芯片底下的焊点均匀熔化，不会伤害旁边的元器件。去掉热风枪前面的套头，温度开关调至 3 ~ 4 挡，风速开关调至 2 ~ 3 挡，在芯片上方约 2.5 cm 处螺旋状吹，直到芯片底下的锡珠完全熔解，用镊子轻轻托起整个芯片。

(3) 清理余锡。

BGA IC 取下后，在电路板上加上足量的助焊膏，用烙铁将电路板上多余的焊

锡去除，并且可适当上锡使电路板的每个焊脚都光滑圆润。然后，用天那水将芯片和电路板上的助焊剂清洗干净。

3) 植锡操作

(1) 准备工作。

建议不要将拆下的 BGA IC 表面上的焊锡清除，只要不是过大，且不影响与植锡钢板配合即可。如果某处焊锡较大，可在 BGA IC 表面加上适量的助焊膏，用电烙铁将 BGA IC 上的过大焊锡去除，然后用天那水洗净。

(2) BGA IC 的固定。

将 BGA IC 对准植锡板的孔后，用标签贴纸将 BGA IC 与植锡板贴牢，BGA IC 对准后，把植锡板用手或镊子按牢不动，然后另一只手刮浆上锡。

(3) 上锡浆。

如果锡浆太稀，吹焊时就容易沸腾导致成球困难，因此锡浆越干越好，只要不发硬成块即可。如果太稀，可用餐巾纸压一压吸干一点。平时可挑一些锡浆放在锡浆瓶的内盖上，让它自然晾干一点。用平口刀挑适量锡浆到植锡板上，用力往下刮，边刮边压，使锡浆均匀地填充于植锡板的小孔中。

(4) 吹焊成球。

将热风枪的风嘴去掉，将风量调至最小，将温度调至 330～340℃，也就是 3～4 挡位。风嘴对着植锡板慢慢均匀加热，使锡浆慢慢融化。当看见植锡板的个别小孔中已有锡球生成时，说明温度已经到位，这时应当抬高热风枪的风嘴，避免温度继续上升，过高的温度会使锡浆剧烈沸腾，造成植锡失败，严重的还会使 IC 过热损坏。如果吹焊成球后，发现有些锡球大小不均匀，甚至有个别脚没植上锡，可先用裁纸刀沿着植锡板的表面将过大锡球的露出部分削平，再用刮刀将锡球过小和缺脚的小孔上满锡浆，然后用热风枪再吹一次即可。如果锡球大小还不均匀，可重复上述操作直至理想状态。重植时，必须将置锡板清洗干净、擦干。

4) BGA IC 的安装

先将 BGA IC 有焊脚的那一面涂上适量助焊膏，用热风枪轻轻吹一吹，使助焊膏均匀分布于 BGA IC 的表面，为焊接作准备。再将植好锡球的 BGA IC 按拆卸前的定位位置放到电路板上，同时，用手或镊子将 IC 前后左右移动并轻轻加压，这时可以感觉到两边焊脚的接触情况。因为两边的焊脚都是圆的，所以来回移动时如果对准了，IC 有一种"爬到了坡顶"的感觉。对准后，因为 IC 的焊脚上涂有助焊膏，有一定黏性，所以 IC 不会移动。如果 IC 对偏了，就要重新定位。BGA IC 定位后，就可以焊接了。和植锡球时一样，把热风枪的风嘴去掉，调节至合适的风量和温度，让风嘴的中央对准 IC 的中央位置，缓缓加热。当看到 IC 往下沉且四周有助焊膏溢出时，说明锡球已和电路板上的焊点熔合在一起。这时可以轻轻晃动热风枪使加热均匀充分，由于表面张力的作用，BGA IC 与电路板的焊点之间会自动对准定位。在吹焊 BGA IC 时，高温常常会影响旁边一些封了胶的 IC，造成不开机等故障。用手机上拆下来的屏蔽盖也盖不住热风。此时，可在旁边的 IC 上滴几滴水，水受热蒸发时会吸收大量的热，只要水不干，旁边 IC 的温度就会保持在 100℃ 左右的安全温度。当然，也可以用耐高温的胶带将周围元件或集成电路粘贴起来。

5) 常见问题的处理方法

(1) 没有相应植锡板的 BGA IC 的植锡方法。

对于有些机型的 BGA IC，如果没有这种类型的植锡板，可先试试现有植锡板中有没有和那块 BGA IC 的焊脚间距一样，能够套用的，即使植锡板上有一些孔空置也没关系，只要 BGA IC 的每个焊脚都能植上锡球即可。

(2) 胶质固定的 BGA IC 的拆取方法。

① 对摩托罗拉手机有底胶的 BGA IC，用目前市场上出售的许多品牌的胶水浸泡基本上都可以达到要求。经实验发现,用香蕉水 (油漆稀释剂) 浸泡效果较好，只需浸泡 3 至 4 小时就可以把 BGA IC 取下。

② 有些手机的 BGA IC 底胶是 502 胶 (如诺基亚 8810 手机)，在用热风枪吹焊时，就可以闻到 502 的气味，用丙酮浸泡较好。

③ 有些诺基亚手机的底胶进行了特殊注塑，目前没有比较好的溶解方法，拆卸时要注意拆卸技巧，由于底胶和焊锡受热膨胀的程度是不一样的，往往是焊锡还没有熔化胶就先膨胀了。所以，吹焊时，热风枪的温度不能太高，在吹焊的同时，用镊子稍用力下按，会发现 BGA IC 四周有焊锡小珠溢出，说明压得有效，吹好后可以试着平移 BGA IC，若能移动，则说明底部都已熔化，这时可将 BGA IC 揭起来。

(3) 电路板脱漆的处理方法。

例如，在更换手机 CPU 时，拆下 CPU 后发现电路板上的绿色阻焊层有脱漆现象，重装 CPU 后手机发生大电流故障，用手触摸 CPU 有发烫迹象。这是因为 CPU 下面的阻焊层被破坏，重焊 CPU 时发生了短路现象。这种现象在拆焊手机 CPU 时是很常见的，主要原因是用溶剂浸泡的时间不够，没有泡透。另外，在拆下 CPU 时，要边用热风吹边用镊子在 CPU 表面的各个部位充分轻按——这样对预防电路板脱漆和电路板焊点断脚有很好的预防作用。如果发生了"脱漆"现象，可以到生产电路板的厂家找专用的阻焊剂 (俗称"绿油")涂抹在"脱漆"的地方，待其稍干后，用烙铁将电路板的焊点点开便可焊上新的 CPU。另外，在市面上买的原装 CPU 上的锡球容易造成短路，而用植锡板做的锡球都较小。可将原来的锡球去除，重新植锡后再装到电路板上，这样就不容易发生短路现象了。

(4) 焊点断脚的处理方法有连线法、飞线法、植球法。

(5) 电路板起泡的处理方法。

过热起泡后大多不会造成断线，维修时可采用以下三项措施：

① 压平电路板。将热风枪调到合适的风力和温度轻吹电路板，边吹边用镊子的背面轻压电路板隆起的部分，使之尽可能平整一点。

② 在 IC 上面植上较大的锡球。

③ 为了防止焊接 BGA IC 时电路板原起泡处又受高温隆起，可以在安装 BGA IC 时，在电路板的反面垫上一块吸足水的海绵，这样就可避免电路板温度过高。

6) 其他 BGA IC 植锡工具简介

在较大的电子维修工具店里，可以买到一种叫作"锡锅"的焊接工具，外形是不锈钢的小盒子加上一个可调温的加热底座。在锡锅中放入适量的焊锡，把温度调到300℃左右，并注入少量助焊剂可增加焊锡的流动性。用镊子夹住要植锡的 BGA IC 并保持水平，放到锡锅里快速地蘸一下，等 BGA IC 稍冷却后再快速地蘸一下，重复3至4次后，锡珠就在 BGA IC 的底部生成。这种方法熟练后植锡会很方便，还可随意控制锡球的大小，尤其适合于大量的植锡和维修。其缺点：一是锡锅中的焊锡时间长了易变质，不适合少量的维修；二是不能对那种软封装的 BGA IC(如很多手机的字库) 植锡。在植锡板还没有面市时，用这种方法来植锡效果极好。

5.4   智能手机识图

本 节 导 入

手机电路十分复杂，流通信号的名称、种类很多，使用多种集成电路；但识读整机电路图仍是有规律可循的。下面介绍几种识图的方法和步骤。通常，整机使用单页型或多页型电路图，可以根据自己实际情况和手机具体电路，决定采用什么方法步骤识图。

5.4.1   手机电路识图介绍

1. 识读供电电路

1) 电池供电电路

手机电池经常用 VBATT、VBAT、BATT 等表示，有时用 B+、VB、VBB 等表示。当同一图中同时出现 VBATT、VB、B+ 等时，它们的含义各不相同。例如，B+ 表示电路单元的供电电压，VBATT 表示本机电池的电压，BATT 表示外部充电电源的电压等。摩托罗拉的电源模块标号是 U900，常用 CAP、GCAP 等表示；诺基亚的电源模块标号是 N100(特别是 3810 后的新型号机)，用 CCONT 表示。

在电路图中找到这些标注或者代号，就找到了电源模块电路。在电池电路中有电池信息信号线路，如 BSI(诺基亚)、BID(松下)、BATT SER DATA(摩托罗拉) 等标注。该信号与手机电路开机有一定关系，可防止手机用户使用非原厂配件，也用于手机电池类别的检测，以确定合适的充电模式。

2) 开机信号电路

开机信号电路通常连接电源模块电路。开 / 关机按键多用 ON/OFF、PW RON/OFF、POW KEY 等标注；开机信号线多用 ON/OFF、POWER ON/OFF、PWR ON、XPWR ON 等标注。摩托罗拉常用 PWR SW、诺基亚常用 PWR ON、松下常用 POW KEY、爱立信常用 ON/OFF 等表示开机线路。

3) 电源电路各输出端电压

手机的电源电路包括逻辑 / 音频电源和射频电源。

在摩托罗拉电源电路中，L275 表示逻辑电源 2.75 V，R275 表示射频电源 2.75 V，RX275、TX275 分别表示接收电源、发射电源 2.75 V。在 V998 手机电源电路中，V1 多指 −5 V 电源，向负压电路供电；V2 是 2.75 V 逻辑电源，向 CPU、FLASHROM 和 EEPROM 等供电；V3 是 1.8 V 电源，向 CPU 供电；VBOOST 是 5.6 V 升压电源，控制开机。在诺基亚手机电路中，VBB、VRX、VSYN、VXO 等表示电源。其中，VRX 是指接收射频电源，VXO 是指基准振荡器电源。在爱立信手机电路中，VDIG、VRAD、VVCO 等表示电源。其中，VDIG 是指逻辑电源，VRAD 是指射频电源，VVCO 是指频率合成电源。在诺基亚手机电路中，TX PWR 信号控制 VTX 电压调节器，RX PWR 信号控制 VRX 电压调节器，SYNTH PWR 信号控制频率合成电源，VCO PWR 信号控制基准频率时钟调节器，等等。摩托罗拉新推出的手机，在中频处理电路上设置了两个 2.75 V 的电压调节器，该调节器受中频处理电路控制，用 RF_V1 电源向频率合成器供电，用 RF_V2 向其他射频电路供电。

2. 识读射频接收电路

1) 区别射频接收电路和射频发射电路

在接收电路中经常遇到 RX、RX EN、RX ON、LNA、MIX、RX275、DEMOD、RX I/Q 等；在发射电路中经常遇到 TX、PA、PAC、APC(AOC)、TX VCO、MOD I/Q、TXI/O、TX EN 等。

2) 天线电路

天线电路多设置在整机电路图的左上角。通过查找天线的图形符号丫，或它的缩写词 ANT，就可以找到天线电路。其中，DUPLEX 表示双工滤波器，DUPLEXER 表示双信器；RX 表示接收，TX 表示发射；在双工滤波器电路中，VC1 ～ VC4 是天线开关的控制端，由 VC1 ～ VC4 端口向外找，可找到天线开关的控制电路；GSM 表示 900 MHz 系统，DCS 表示 1800 MHz 系统。

3) 低噪声放大器

低噪声放大电路可以是分立元件电路，也可以集成于集成电路内。它的前级电路是接收天线、双工滤波器等，在其基极电路上都要设置隔直交流耦合电容或滤波器，其输出端集电极经耦合电容 (或滤波器) 连接到混频器。

在摩托罗拉手机低噪声晶体管或组件上，加有 RX EN、TX EN 信号等。在诺基亚手机低噪声放大电路中，LNA 表示低噪声放大器；VLNA 表示低噪声放大器电源；LNA IN 表示低噪声放大器的信号输入端；LNA-G 表示 GSM 系统的低噪声放大器；LNA-D 表示 DCS 系统的低噪声放大器 (诺基亚手机的 1800 系统被标注为 PCN)；LNA AGC 表示自动增益 (AGC) 控制端，或者具有此功能的低噪声放大器等。

4) 混频电路

混频电路位于低噪声放大器后，混频器的英文缩写词是 MIX，MIX-275 表示混频器的 2.75 V 电源，MIX OUT 和 MIX IN 分别表示混频器的输出端、输入端，VCC MIX 表示混频器的供电端。

5) 中频处理和接收解调电路

中频放大器集成电路经常用 IF、VIF 等标注。IF VCC 表示中频电路的电源，IF IN 表示中频信号输入端，在摩托罗拉手机电路中常用 SW VCC 表示中频模块输出的供电电源。接收解调电路常用 RX I/Q 标注，而 RX I/Q 信号则经常表示解调电路输出的模拟基带信号。DEMOD、DEMOD ULATION 等表示解调电路。TX I/Q 和 RX I/Q 的含义不同；有时 RX I/Q 信号是 4 个分量，经常用 RX IN、RX IP、RX QN、RX QP 等表示。

6) 频率合成器

在摩托罗拉手机中，频率合成器经常用 MAINCLK、MAGIC-13 MHz 等标注。其中，MAIN、M 等表示主时钟，诺基亚用 RFC 标注，爱立信用 MCLK 标注，松下用主 13 MHz 标注等。基准振荡器也是一个 VCO 电路，受逻辑电路 DSP 模块控制，其控制电压常用 AFC 表示，AFC 电压加到基准振荡器的变容二极管负极。找到 AFC 电压控制的石英晶体或变容二极管，就找到了基准时钟电路。爱立信手机多用 VCXO CONT 表示 AFC 信号，诺基亚用 VXO 表示，其他公司多用 VCXO 或 VS-VCXO 表示。顺着该电源线，可以找到基准时钟电路。

鉴相器用 PHD、PD 标注，大多是被集成于中频模块电路中。有些手机的鉴相器输出端用 CP 表示。送到鉴相器的两个信号都要经过分频电路和可编程分频器，多用数字或 $N(n)$ 表示它们分频的阶数。

鉴相器的输出端往往设置了"电荷泵"电路，然后再连接分立元件低通滤波器 (LFP)，而且基本使用的是双时间常数 RC 低通滤波器。

在手机射频电路中，出现变容二极管的地方，都是 VCO 电路，变容二极管的图形符号为，晶体三极管 VCO 电路多采用电容三点式或改进型电容三点式 LC 振荡电路，可以采用不同的标注方法，如 RX VCO、TX VCO、RF VCO、VHF VCO、UHF VCO、IF VCO、MAIN VCO 等，它们的供电电路也使用特定的标注方法。

例如，摩托罗拉手机使用 SF OUT 表示中频模块输出的电源，向频率合成器供电；R VCO-250 表示 RX VCO 电路的供电电源为 2.50 V。

在 PLL 频率合成器电路中，本机振荡电路 (VCO) 经常缩写为 LO，RFLO IN 表示射频本机振荡信号的输入端，IF LO 表示中频本机振荡信号，这些信号线都能找到相应的振荡电路。另外，SYNDAT、SDAT 等表示控制频率合成器的数据信号，沿着信号线，可以找到频率合成器的可编程分频器 (又称程控分频器)。

3. 识读射频发射电路

1) 射频功率放大器

射频功率放大器靠近发射天线 TX 端口，在诺基亚、爱立信、松下等手机电路中，PA 表示功率放大器，PA GSM 表示 GSM 系统的功率放大器，VAPC 是自动功率控制，PIN 和 POUT 分别表示功率放大器的输入端、输出端，VCTL 表示系统控制端，CTL GSM 表示 GSM 系统的控制端。而在摩托罗拉手机电路中则用 PA(功率放大器)、PAC(功率控制)、AOC(自动功率控制) 和 PA_B+(功率放大器电路电源正端) 等标注，用 TX KEY、DM CS 等表示发射电路的时隙控制信号。

2) 功率控制电路

控制功率放大器的增益，一种是通过控制放大器的供电电源来控制输出功率，另一种是通过控制放大器的偏置电压来控制输出功率。另外，功率控制电路是通过反馈控制原理来控制输出功率。在功率放大器输出端，利用功率分配器或微带线耦合器作取样电路，将取样电平与参考电平相比较，可以取得直流的控制电平，送到功率放大器的控制输入端。

射频电路中常见的控制信号有接收启动 (或称使能) 控制信号 RX EN(RX ON)、发射启动 (使能) 信号 TX EN(TXON)、自动频率控制信号 AFC 等。摩托罗拉手机电路中有时隙控制信号 TX KEY 和 DM CS；诺基亚手机电路中有接收电路自动增益控制信号 RXC、发射电路自动增益控制信号 TXC(有时是指发射功率控制参考电平)、电源启动控制信号 TXP 等；爱立信手机电路中有功率控制信号 PWRLEVL 等。RX VCO-CP 是 RX VCO 的控制信号，CP-TX 是 TXVCO 的控制信号，PWRLEY 是功率控制信号，BSEL(及 BANDSELECT、BAND SEL 等) 是频段切换控制信号，TX VCO HB 是 DCS TX VCO 切换控制信号，TX VCO LB 是 GSM TX VCO 切换控制信号，PAON(及 PAEN、PACEN 等) 是功率放大器电路启动控制信号，PCN/GSM 是 DCS 与 GSM 系统切换控制信号，LO EN 是本振启动控制信号，SYN ON(及 SYNENA、SENA、SYNEN 等) 是频率合成启动控制信号，CTL PCN 是 DCS 系统控制信号，FR ACTRL 是低噪声放大器自动增益控制信号，RX ACQ 是接收自动控制信号，DCS SEL 是 DCS 系统切换控制信号，DCS TX VCO 是 DCS 系统的 TX VCO 切换控制信号，GSM TX VCO 是 GSM 系统的 TX VCO 切换控制信号，等等。在上述这些控制信号当中，带 CTL、CTRL、C 的都是特定的控制信号，带 EN、ON 的都是启动、使能控制信号，带 PWR 或 P 的都是功率或电源控制信号，等等。

3) 发射变换模块电路和 TX VCO 电路

发射变换模块电路和 TX VCO 电路在电路结构方面与 RX VCO 电路相似，在电路上设置了变容二极管，由反向偏置控制电压来控制变容二极管的结电容量；分立元件电路多属于改进型电容三点式振荡电路。在电路图中，TX I/Q 中频已调波送到鉴相器，由鉴相器输出的控制信号经常用 CP-TX 表示，它是控制 TX VCO 电路的直流控制信号。VCO-SW 是 TX VCO 电路的频段切换控制信号，VCO-VC 是 TX VCO 电路的信道控制信号，VCONT、CONT 分别是控制信号、控制端。

4) 发射上变频器

仅有诺基亚手机的射频发射电路中设置了上变频器，但是上变频器被集成在一个复合射频模块中，很容易在电路图上找到该电路的输入、输出端口。在射频模块引出脚上，经常看到 TX MIXIN 的标注，从字面上看，它表示发射混频器的输入端，实际上它是发射上变频器的输入端。

5) TX I/Q 调制电路

目前，有些手机没有使用 TXI、TXQ 来标注发射基带信号，而是用 4 个分量表示，如用 I IN、I INB、Q IN、Q INB 表示，也可用 TX IN、TX IP、TX QN、TX QP 表示，或者用 ITA、ITB、QTA、QTB 等表示。发射调制电路的标注方法也较多，如 MOD、MOD I/Q 等，则相应的 4 个信号为 MODQP、MODQN、MODIP、MODIN。

4. 识读音频电路

音频电路包括音频接收电路和音频发送电路两部分；另一种划分方法可分为模拟音频处理电路和数字音频处理电路两部分，重点是数字音频处理电路。

1) 音频接收电路

音频接收电路的终端是受话器、耳机、听筒、扬声器等，其图形符号为⊲，元件旁边经常标注缩写词 EAR、SPK、EARPHONE、SPEAKER 等。诺基亚手机的音频接收电路经常用 N250、N200 等标注；摩托罗拉手机的音频接收电路往往置于复合电路模块内，多用 U900 标注；爱立信手机使用"多模"集成电路，多用 N800 等标注。

2) 音频发送电路

音频发送电路的起端是送话器、话筒等，其图形符号为○，元件旁边经常标注缩写词 MIC。

5. 识读逻辑控制电路

1) 微处理器

诺基亚手机电路中，MAD 是指中央处理器（实际是 MCU 和 DSP 功能之和），CCONT 是指电源管理电路，COBBA 是指话音处理电路，CONNE 是指连接器，UI 是指用户模组，MEMORIES 是指存储器单元，等等。

2) SIM 卡电路

SIM VCC、SIM DATA（或 SIM I/O）、SIM RST、SIM CLK 分别表示 SIM 卡电

路的供电电源、传输数据、复位信号、工作时钟等。

3) LCD 显示接口电路

LCD 显示接口电路将微处理器与显示屏电路连接起来。VL 是显示器的供电电压 (还经常兼作逻辑电路的电源)，SCLK 是串行时钟输入信号，SDA 是串行数据输入信号，LCD CDX 是控制 / 显示数据输入信号，LCD CSX 是片选信号，OSC 是 LCD 的外时钟输入端，LED RSTX 是复位信号，LCD EN 是 LCD 启动控制。

4) 键盘、背景灯和蜂鸣器

ROW 是键盘行地址扫描线，COL 是键盘列地址扫描线。LIGHT 是背景灯控制，KBLI GHTS 是键盘背景灯控制。与蜂鸣器有关的英文标注有 BUZZ(蜂鸣器)、BUZZER(蜂鸣器控制信号)、VIBRA(振动器控制)、SPARE(来电指示灯)、EARN 和 EARP(听筒正、负端) 等。

5.4.2 手机电路识图步骤

1. 按照传统的三步骤读图

1) 第一步，直观入手，选好入口

第一步可寻找电路图上最直观醒目、易认读的元器件，它们往往是电路系统的始端或终端，将它们作为出发点，顺着或逆着信号流向，可识读出一批电路图。例如，天线 (ANT)、话筒 (MIC)、听筒 (SPK、EARD)、电池 (BATT) 等，都比较容易识读，又经常画在整机图边缘或靠近边缘处。如图 5-23 中左上角的天线、右上角的耳机 / 蜂鸣器、右下角的话筒等。

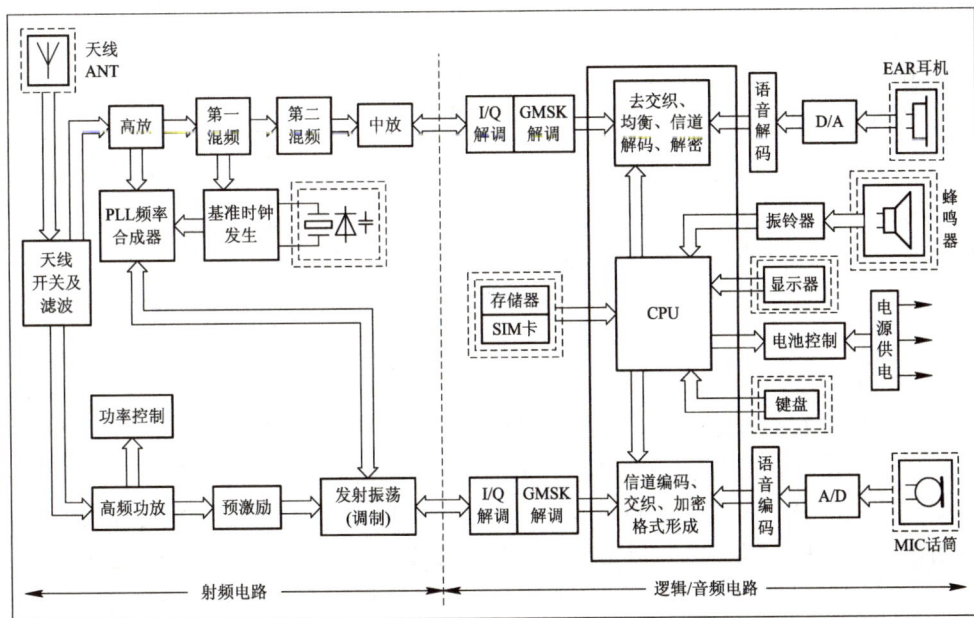

图 5-23　识读方法步骤示意图

注：箭头代表寻找方向；单虚线框是边缘易读件，双虚线框是内部突破

由这些元器件开始，可以找到它们的邻近电路。例如，整机的发射、接收天线比较容易寻找，由天线向电路图内部寻找，可以找到天线开关、滤波网络（合路器）等，经过天线开关（切换）电路后，电路分成两个分支，经各自的滤波网络后，分别与高频发射电路和高频接收电路相连接。首先，顺着输入射频信号寻找高频接收电路，可以找到低噪声放大器、第一混频电路、第二混频电路、中频放大和解调电路等。由两级混频电路出发，可以分别找到 PLL 频率合成器第一级接收本振电路和第二级本振电路；而第二级本振信号，是由 13 MHz 晶体基准时钟经多次倍频后所取得的中频振荡信号。其次，逆着信号流向寻找高频发射电路，可以找到高频功率放大器、预放大电路、PLL 发送主振电路等。找到功率放大器之后，由功率放大器输出端耦合电路，通过反馈网络可找到功率控制电路。此外，由 PLL 发送主振电路可以找到与发射电路相连接的频率合成器。

在整机图上，听筒、话筒的图形符号容易识别和寻找，找到它们就找到了音频电路的终端和起端。例如，由话筒顺着信号流向寻找，可以找到发送话音电路的输入端。话信号经线性放大后要进行数字处理，要在集成电路内进行 A/D 转换、语音编码、信道编码、交织和加密等。再往后寻找，可找到 TX I/Q 调制电路。再例如，听筒是接收话音电路的终端，逆着信号流向寻找，可以找到接收话音电路的输出端。向前找，应有话音放大器和话音数字处理电路，通常在集成电路内进行 D/A 转换、话音解码、信道解码、去交织和解密等，再往前寻找，可找到 RX I/Q 解码电路。

2）第二步，打开缺口，联系前后

在整机电路图内部，也存在一些容易识别、醒目的元器件图形符号，或者一些英文缩写词，有一些特殊画法的元器件符号更容易识别、寻找。这些元器件可作为识读内部电路图的突破口，由它们向前向后，向左向右扩展，与第一步方法相结合，可以深入识读一批系统电路和单元电路，并能进一步划定各个电路的界限。例如，画有石英晶体的地方必是石英晶体振荡器，经常是压控振荡电路；画有变容二极管的地方应当是自激振荡器，而且经常是锁相环压控振荡器；画有陶瓷元件符号的地方，往往是带有特定频率特性的压控陶瓷滤波器、带阻滤波器或谐振电路等。集成电路也是一种特定的元件，由于其引出脚较多，通常被认为是读图的难点；但若已经给出集成电路的引出脚功能，甚至给出其内部组成方框图，难点元件也可转变为易读元件。可以在识读集成电路芯片的基础上，向外扩展，可以识读一批电路。

微处理器（CPU、MCU）是 GSM 手机的重要元件，寻找及确定微处理器的位置、功能，是看整机电路图的重要任务。识读以微处理器为中心的逻辑控制系统，是识读整机图第二步骤的中心内容，首先要确定微处理器在电路图中的位置，及各引出脚的名称、功能，然后要分析微处理器系统的主要功能。实际上，微处理器在整机图中是很容易寻找的。GSM 手机的微处理器和无绳电话机的微处理器一样，都附有键盘电路、LCD 显示屏电路；GSM 手机还附设 SIM 卡接口电路等。这些电路、器件使用了特殊的图形符号，在电路图中很容易找到，它们又与微处理器分别设置多条连接线，找到与它们相连的集成电路就是微处理器；如果微处理器附近（或内部）标注以 CPU、MCU、MAD 等，就可以进一步确定微处理器了。在微处理器芯片内，还经常设置振铃检测电路，通过外接脚与振铃电路或蜂鸣器连接，由蜂鸣器出发也可找到微处理器。实际上，微处理器内还设置话音 DSP 电路，可进行话音数字处理，微处理器与其他话音处理电路也有多条信号线相连；微处理器还经常兼有电池充电、检测和开关机控制等功能。可见，确定微处理器的位置后，就可讨论逻辑控制系统的主要功能。实际上，可以围绕上述各个电路，具体讨论各个电路的控制过程。

在电路内部，还有许多识读电路的突破口。例如，在一些单元电路图或元器件附近，经常标注中文或英文缩写词，这些缩写词标明了电路、元器件的名称、功能；有时，在信号走线旁边标注了缩写词，标明了信号名称、功能。这些标注的字词是读图的珍贵线索，甚至信号线的箭头方向都是读图的珍贵线索。读图者要努力熟悉英文标注的含义，如果做不到这点，就无法深入识读电路图。总之，通过细心观察电路内各种可利用的信息，挖掘有助于识读工作的各种线索，可以进一步确定整机内部各个电路单元和电路系统，确定各个电路的界限。

3) 第三步，难点分析，放在最后

当整机大部分电路图识读完毕，应当总览、回顾整机图，检查是否符合万能方框图的基本格式，检查各板块电路之间的联系，检查读图是否有错误或疏漏；还应当继续突破遗留下来的难点电路。把难点电路放在最后识读，有利于突出主要矛盾，集中精力攻克它。

2. 按照多页型整机图的识读步骤读图

对于多页型手机电路图来说，若对整机基本结构和信号流向不太熟悉，直接使用前述识读方法可能有些困难。因此，可以改用多页型整机电路图的识读方法和步骤，使用这种方法识读时仍然可以归纳为三句话、三个步骤，即：先画方框图，要胸怀全局；识读板块图，要互相联系；最后难点图，要协作解析。

先画方框图，是概括地、粗略地识读整机电路，它是读图的第一步和基础，也是读图的深入和总结。只有抓住电路全局，才能深入识读各个电路单元。各种实用手机电路都应当遵守万能方框图的基本框架，即整机是由射频电路、音频（基带）电路、逻辑控制电路和电源电路等组成。而识读板块图，就是识读整机图的各页电路图，每一页、每一幅板块（或模块）电路图，分别完成整机的某个或几个方面的功能，每个板块电路图都识读完毕后，整机电路原理图就迎刃而解了。需要注意的是，实用板块电路图不是简单的射频、音频、逻辑和电源四个板块图，可能集中于 2 ～ 3 块板块图，而且相互有交叉。最后，也是总览全图，以及攻克遗留的疑难问题。在总览全图时，不仅要重新识读各板块电路图，分析其电路功能，还要注意各板块图之间的联系，分析该板块图的信号如何进入另一板块图。在识读各板块电路的基础上，集中精力突破难点问题。

上述读图的三个步骤，不是绝对的前后关系，三句话也不是相互孤立的，可能是相互或部分互相交错的，应当灵活运用。它们反映了整机电路图、整机方框图、板块电路图和疑难电路图之间的识读关系，表述了识读几种电路图的基本方法和要求。

3. 读图体会

1) 以集成电路为中心，识读整机电路图

手机电路的集成度越来越高，在集成电路外部配置少量分立元件就组成了整机电路。此时，识读各个集成电路图就是识读整机电路图。识读整机图、板块图时，可用前面讨论的各种方法，也可以集成块为中心，在识读集成电路图的基础上，向集成块外围电路扩大，建立各集成块之间的联系，最后掌握整机的全局和细节。使用这种读图方法，要求读图者对所用的集成电路比较熟悉。实际上，读图者应当根据自己的情况、实际的电路图，各种方法相互结合，才是最佳方法。一方面，由直观入手，用外围包抄的方法向电路图内部识读；另一方面，又以集成电路为中心，向外联系和扩大。将两者结合起来，互相弥补，可以提高读图的效率。

但要注意，这种读图法是有前提条件的，读图者应掌握必要的集成电路的有关资料，还要牢记识读集成电路图的四句要领，即"职能类型，基本流程，内外联系，引脚功能"，尤其要对集成电路引出脚作到"四清楚"，即"符号功能，信号波形，数据要清，流向分明"。如果读图者达不到上述要求，就无法识读电路图。

2) 继续充实过去的读图经验体会

前面已经总结归纳了读图的经验体会，我们应当继续实践和充实。牢记：心中有个"万能框"，各种电路往里装；集成电路作"黑箱"，引脚功能要明朗；单元电路多花样，基本模型不能忘。这是对整机电路图、板块电路图、系统电路图、集成电路、单元电路图的识读规律作了简洁的小结。归纳起来，还可以用三个"对上号"来概括：首先，心中有个"万能框"，实用电路要与基本方框图对上号；其次，集成电路作"黑箱"，识读引出脚功能要与引出脚设置规律对上号；最后，单元电路的基本模型不能忘，通过对实用电路进行化简，要与其基本模型对上号。

5.4.3 主板原理图和主板元件位置图

1. 了解主板原理图和主板元件位置图

一套完整的主板电路图是由主板原理图和主板元件位置图组成的。

主板元件位置图的作用是方便用户找到相应元件在主板中的正确位置。而主板原理图的作用是让用户对主板的电路原理有所了解，知道各个芯片的功能，及其线路的连接。

1) 主板原理图

主板原理图中会涉及许多英文标识，这些标识主要起到了辅助解图的作用，如果不了解它们，根本不知道它们的作用，也就不可能看懂原理图。所以希望读图者能够背熟记熟，同时希望读图者多看电路图，对不懂的英文标识及时查找并记熟。

英文标识在电路图中会灵活出现，如"扬声器"的英文是"speaker"，缩写是

"SPK"，"正极"的英文是"positive"，缩写是"P"，如果电路图中标识 SPKP，那么就证明它是扬声器的正极。所以当有不明白的英文标识时，可以将它们拆开理解，灵活运用。

手机中的电路是以集成电路模块为主要部件的，集成电路芯片是被封装好的成千上万的晶体管电路，这部分是由专业的集成电路设计师设计的，其他人是无法明白和修理的。集成电路模块的周围是集成芯片的外围电路，外围电路是按照不同的集成电路模块提供的芯片手册搭建的。

不同型号的集成电路芯片都有不同的出厂手册(从集成电路制造商那里获得)，手机维修时，会从厂商那里得到维修手机相关的集成电路外围电路图参数，测量电路板上的数据，不符合手册标准的元件模块(就是坏了)，需把它换掉。这和懂电路原理是两回事！能修是因为由厂家提供参考数据，不是因为修理的人懂电路原理，修理的人是不懂的，电路设计师才是懂电路原理的人。

2) 主板元件位置图

(1) 元件编号。

每一个元件在主板元件位置图中都有一个唯一的编号。这个编号由英文字母和数字共同组成。编号规则可以分成以下几类：

芯片类：以 U 为开头，如 CPU U101。

接口类：以 J 为开头，如键盘接口 J1202。

三极管类：以 Q 为开头，如三极管 Q1206。

二极管类：以 D 为开头，如二极管 D1102。

晶振类：以 X 为开头，如 26M 晶体 X901。

电阻类：以 R 或 VR(压敏电阻)为开头，如电阻 R32、VR211。

电容类：以 C 为开头，如电容 C101。

电感类：以 L 为开头，如电感 L1104。

侧键类：以 S 为开头，如侧键 S1201。

电池类：以 B 为开头，如备用电池 B201。

屏蔽罩：以 SH 为开头，如屏蔽罩 SH1。

振动器：以 M 为开头，如振子 M201。

还有一部分标号是主板上的测试点，以 TP 为开头。

(2) 查找元件功能。

用户可以根据相应的元件编号去查找主板原理图，从而了解此元件的作用。

2. 学看手机电路图

手机原理图相对而言是最复杂的一种图了。原理图就是用来体现电子电路工作原理的一种电路图，又被叫作"电原理图"。由于这种图直接体现了电子电路的结构和工作原理，所以一般用在设计、分析电路中。分析电路时，通过识别图纸上所画的各种电路元件符号，以及它们之间的连接方式，就可以了解电路的实际工作情况。

要看懂手机电路图，必须掌握一些必要的方法。初学者识图时，有一点难度，应从方框图开始到单元电路图、等效电路图，最后到看懂整机电路图。而在这中间还要知道以下几点。

1) 熟练掌握手机电路中常用的电子元器件的基本知识

熟练掌握手机电路中常用的电子元器件的基本知识，如电阻、电容、电感、二极管、三极管、场效应管、集成电路、显示屏、滤波器、开关等，并充分了解它们的种类、性能、特征、特性，以及在电路中的符号、在电路中的作用和功能等。根据这些元器件在电路中的作用，懂得哪些参数会对电路性能和功能产生什么样的影响。具备这些电子元器件的基本知识，是看懂手机电路图必不可少的。

2) 掌握一些由常用元器件组成的单元电子电路知识

掌握一些由常用元器件组成的单元电子电路知识，如滤波电路、放大电路、振荡电路、电源电路等。因为这些单元电路是手机电路图中常见的功能块，掌握这些单元电路的知识，不仅可以深化对电子元器件的认识，而且通过这样的"初级练习"，也是对看懂、读通电路图的锻炼，有了这些知识，为进一步看懂较复杂的电路奠定了良好的基础，也就更容易深化自己的学习。

3) 应多了解、熟悉、理解电路图中的有关基本概念

应多了解、熟悉、理解电路图中的有关基本概念，如关键点的电压，各点电压如何变化、如何互相关联，如何形成回路、通路，哪些构成直流通路、哪些形成信号通道、哪些属于控制信号等。看电路图最忌讳的是主次不分，因此最重要的是了解信号流向，即主信号的走向，或者说信号从哪里来去向哪里。如果是规范的原理图画法，它的信号走向是有规定的，一般来说原理图的左方是信号的入口，右方是信号的出口。根据这个原理很容易了解这张原理图的功能是什么，然后把原理图细分成若干部分，仔细了解每一单元的功能，就会对整个功能有大体了解。当然，首先应对单元功能电路有比较多的了解。由多张图纸组成整机电路图一般情况下都有图纸编号，图纸编号的顺序就是整机的工作流程。掌握这些原则可以很清晰地看懂电路图。

4) 对手机有大致的了解

要看懂某一手机的电路图，还需对该手机有一个大致的了解，例如手机的功能，除了基本的通话外，其他如红外、蓝牙、照摄像等，检查它可能由哪些单元电路组成。对读懂、读通电路图而言，这样可以少走弯路。

5) 在电路图中寻找自己熟悉的元器件和单元电路

在电路图中寻找自己熟悉的元器件和单元电路，看它们在电路中起什么作用，然后与它们周围的电路联系，分析这些外部电路怎样与这些元器件和单元电路互相配合工作，逐步扩展，直至对全图能理解为止。

6) 不断尝试将电路图分割成若干条条框框，然后各个击破

不断尝试将电路图分割成若干条条框框，然后各个击破，逐个了解这些条条框框电路的功能和工作原理，再将各个条条框框互相联系起来，将整个电路图看懂、读通。

7) 要多看、多读、多分析、多理解各种电路图

多看、多读、多分析、多理解各种电路图，由简单电路到复杂电路，遇到一时难以弄懂的问题除自己反复独立思考外，也可以向内行、专家请教，还可以多阅读这方面的教材与报刊，或上专门的网站，从中吸取经验。只要坚持不懈地努力，学会看懂电路图并非难事。

8) 了解电路图中的英文所代表的含义

有时电路图中的英文实际上是简写的缩略语，有时是组合使用的，如 ANT 是 antter 天线的简写，而 ANTSW 是 ANT(天线) 和 SW(开关) 的组合，其含义就是天线开关。另外，有的词只出现在特定的部分，它的出现也代表其所在电路的基本功能。例如，电路图中出现"ANT"，表示该电路是手机射频部分与天线相关电路。

9) 具备一定的电路原理知识

要完全看懂手机电路图就要具备一定的电路原理知识，主要包括和射频、音频、电源电路相关的模拟电路知识，和逻辑电路相关的数字电路知识。也就需要了解相关电路原理中的常见电路定理、定律，如欧姆定律、基尔霍夫定律等。

5.4.4 射频电路识图

1. 射频接收电路

诺基亚 5110/6110 型手机射频电路方框图如图 5-24 所示，其射频接收电路如图 5-25、图 5-26 所示。由天线感应得到的射频信号送到合路器 Z550 的 RX 通道进行集中选频，允许 935 ～ 960 MHz 范围的信号顺利通过，抑制由天线引入的杂波干扰，防止输入过强信号而发生阻塞现象，尤其要防止发射信号对接收信号的干扰。被选取的射频接收信号由合路器 Z550 的 RX 通道输出，经耦合电容送到收 / 发电路模块 N500 的 25 脚进行射频放大。射频信号在收 / 发电路模块 N500 内进行射频放大，其增益受微处理器 (D200) 送来的 PDATA0 信号控制，以维持其增益为 20 dB，经放大的射频信号从第 23 脚输出，送到射频接收滤波器 Z500 进行射频信号滤波。经滤波的射频接收信号再经微带 Z507 耦合到 Z510，再送到收 / 发电路模块 N500 的 7、8 脚进行混频处理。此外，由第一本振电路产生 1006 ～ 1031 MHz 的第一本振信号 (UHF VCO)，送到收 / 发电路模块 N500 第 12 脚，经内部放大后也送到第一混频器。两种输入信号在第一混频器进行混频，取得差频信号，即 71 MHz 的接收第一中频信号，此信号经放大后从 9、10 脚输出。该中频信号经中频声表面波滤波器 Z621 进行中频滤波，以便提高对接收信号的选择性，抑制高频信号干扰，抑制阻塞信号及其他杂乱信号干扰。第一中频信号送到中频 - 频率合成器模块 N620 的 51、52 脚。第一接收中频信号在 N620 内进行中频放大，其增益受 PCM 编解码器 N250 的 18 脚输出信号 RXC 的控制，其增益为 20 dB。同时，第二本振电路 VHF VCO 产生 232 MHz 振荡信号，并由 N620 的 8 脚输入，经内部放大，再经两个 2 分频器分频后，形成 58 MHz 振荡信号送到第

二混频器。71 MHz 的第一中频信号和 58 MHz 的第二本振信号都送入第二混频器，经差频运算取得 13 MHz 第二接收中频信号，并由 N620 的 44 脚输出。该信号送到压电陶瓷滤波器 Z620 进行滤波，抑制邻频信号干扰后，再送到 N620 的 34、35 脚，再进行接收第二中频放大和 RX I/Q 信号解调，产生的基带信号 RXIP、RXIM 由 N620 的 29、30 脚输出，送到 PCM 编解码器 N250 的 22、23 脚，作进一步处理和解码工作。

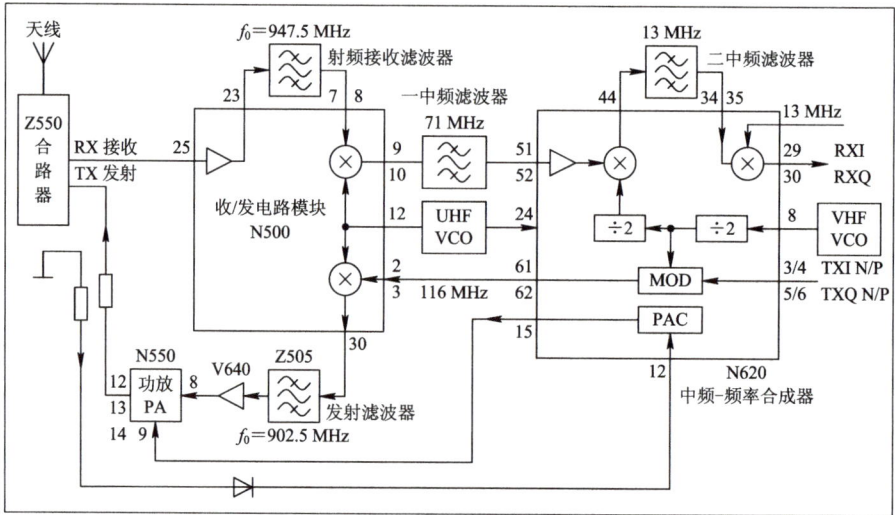

图 5-24   诺基亚 5110/6110 型手机射频电路方框图

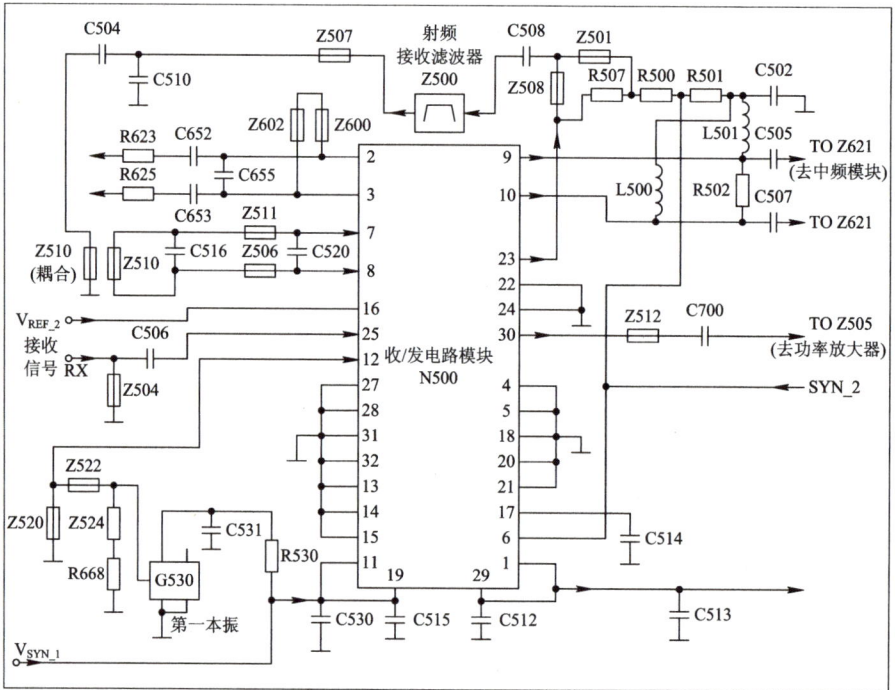

图 5-25   收/发电路模块 (N500) 外围电路图

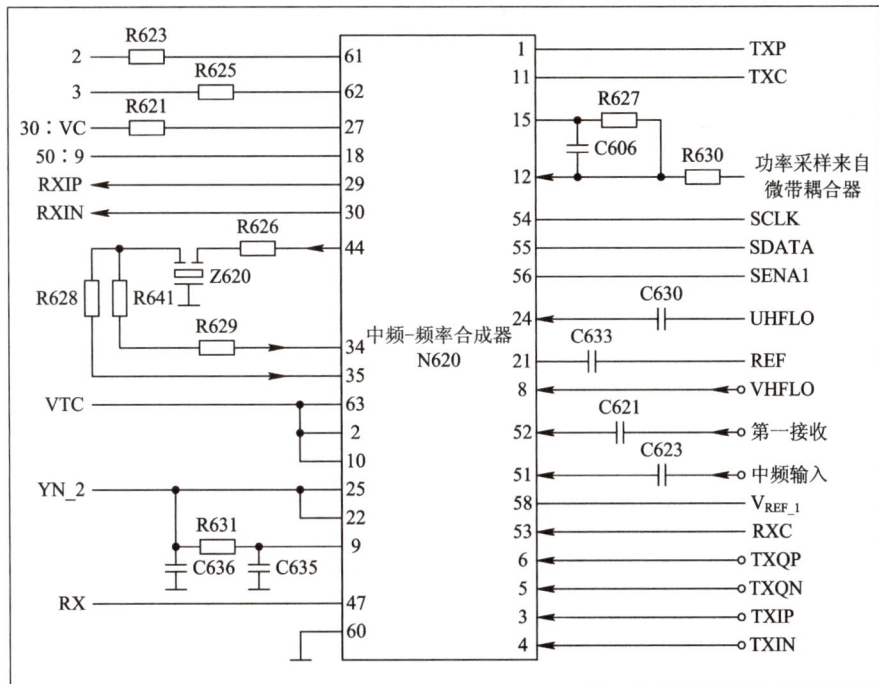

图 5-26　中频 - 频率合成器 (N620) 外围电路图

2. 射频发送电路

射频发送电路如图 5-25 和图 5-26 所示。由 PCM 编解码器 N250 输出发射基带信号，它们是 TXIP、TXIN、TXQN、TXQP 共四路信号，分别进入中频 - 频率合成器 N620 的 3、4、5、6 脚，经内部进行放大后送到 TX I/Q 调制器。同时，第二本振电路产生的 232 MHz 第二本振信号由 8 脚进入 N620，经放大和分频后也送到 TX I/Q 调制器，由该调制器取得 116 MHz 发射已调中频信号。该已调信号进行发射中频放大，其电路增益受到从 PCM 编解码器 N250 的 17 脚输出信号 (TXC) 的控制。经放大的发射中频已调信号由 N620 的 61、62 脚输出，再经过外部 LC 低通滤波器滤波后，送到收 / 发电路模块 N500 的 2、3 脚。由第一本振电路产生的 1006 ~ 1031 MHz 的第一本振信号，由第 12 脚进入收 / 发电路模块 N500，经过内部放大后与输入的 116 MHz 发射中频已调信号进行混频，经过差频运算进行频谱搬移，取得射频发射已调信号，频率范围为 890 ~ 915 MHz。此信号经放大后由 N500 的 30 脚输出。可见，在 N500 内的混频电路完成发射上变频器的功能。射频已调波送到发射滤波器 Z505 进行滤波，抑制来自上变频器的杂散信号，抑制本机振荡信号和中频信号，然后送到前置功放管 V640 进行激励放大，再将信号送到功率放大器 N550 进行功率放大。功率放大器电路如图 5-27 所示。射频已调波加到功率放大器 N550 的 8 脚，经内部 3 级放大器放大后，由其 12、13、14 脚输出，经合路器 Z550 的 TX 通道送到天线发射出去。合路器可以抑制发射射频信号中的噪声和谐波干扰。另外，利用微带耦合器的次级 Z551 输出射频取样信号，取样功率信号经过检波二极管 V551 整流、C554 滤波取得直流电压，可以送到中频－频率合成器 N620 内的功率控制器 (PAC)。此外，基站检测到的手机发射功率强度也送到 N620 内，经过 PAC 电路对两输入电平进行比较，由 N620 的 15 脚输出发射功率控制信号，送到功率放大器 N550 的 9 脚，可将发射功率控制在基站所要求的范围内。

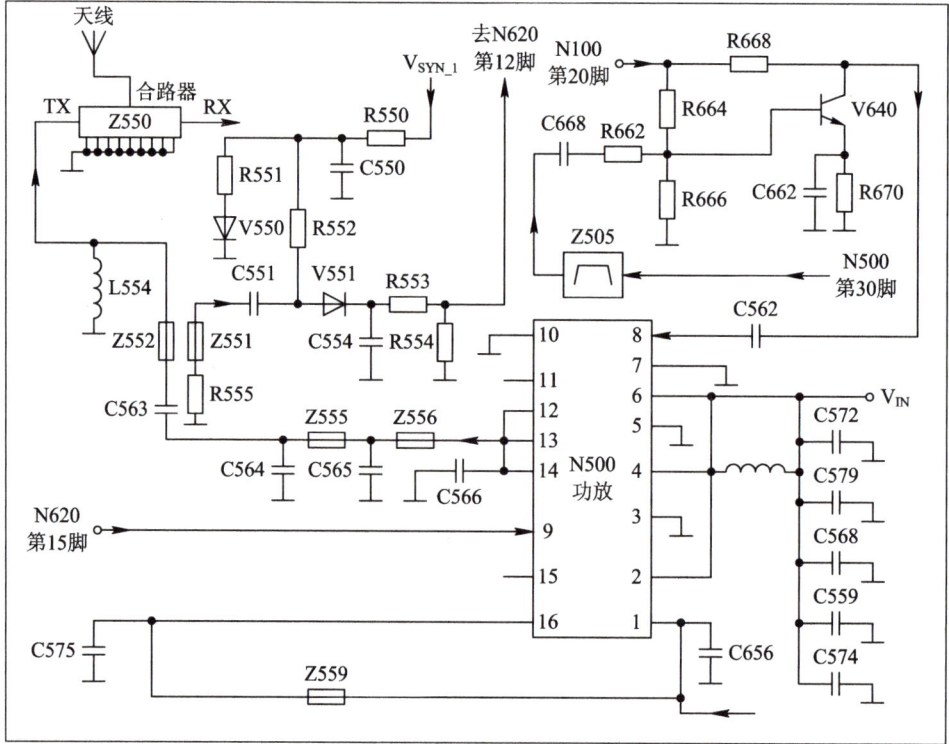

图 5-27　功率放大器电路图

5.5　智能手机拆机

本·节·导·入

　　智能手机拆机是一个复杂且需要专业技能的过程，拆机前应了解手机的结构和组件，拆机时应遵循正确的操作步骤。使用正确的工具可以极大地简化拆机过程，并降低损坏的风险。同时，在拆卸过程中，拍摄照片以记录每个步骤和组件的位置，这有助于在重新组装时准确地安排元件。下面通过具体机型来了解手机的对应拆机过程。

5.5.1 双模 5G 手机 vivo S6 拆机

vivo S6 采用 6.44 英寸的 AMOL ED 水滴全面屏，支持屏下指纹识别和低亮度防屏闪，后置四摄，4500 毫安额定容量的电池，支持 9V 2A 的 18 W 快充。

本次拆解的手机颜色为爵士黑，亮黑色上带着类似黑胶唱片的纹理，取消了独立的 Jovi 按键，电源键和音量键集成在机身右侧。在机身顶部保留了 3.5 mm 耳机接口，机身底部依次为扬声器、Type-C 接口、麦克风和 SIM 卡槽。

下面通过拆解 vivo S6，看看它的内部结构。

vivo S6 的拆解方法 / 步骤如下。

关机，取出 SIM 卡槽，SIM 卡槽为堆叠设计，设有红色的防尘防水胶圈，如图 5-28 所示。

图 5-28 取出的卡槽

利用吹风吹 (温度控制在 120℃) 加热后盖 4 分钟，用翘片划开后盖，主板上设有一个一体防护中框，防护中框主板位置与副板位置上设有石墨散热，如图 5-29 所示。

图 5-29 防护中框

取下防护中框后可以看到手机内部为三段式结构设计，如图 5-30 所示，在防护中框上能看到各类天线触点，电池与金属防护层间设置了一层防护。

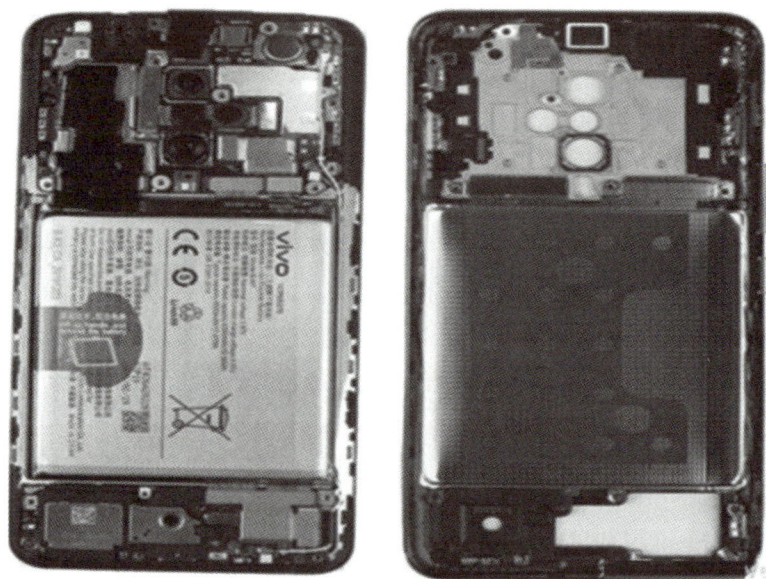

图 5-30   三段式结构

主板特写如图 5-31 所示。主板通过一体式防护中框以螺丝的方式固定在机身内，拧下螺丝后打开防护中框即可轻松取下主板。另外，主板防护中框设有石墨烯散热。

图 5-31   主板特写 1

另一种形式的主板特写如图 5-32 所示。取下固定在主板上的石墨烯散热片，主板上主要固定的元器件有后置四摄、前置摄像头还有设置橡胶防水的 3.5 mm 耳机接口。

图 5-32　主板特写 2

　　取下前置摄像头，如图 5-33 所示。这枚前置摄像头为 3200 万像素，光圈 F/2.08，配合 vivo 的人像算法能拍出美美的人像。

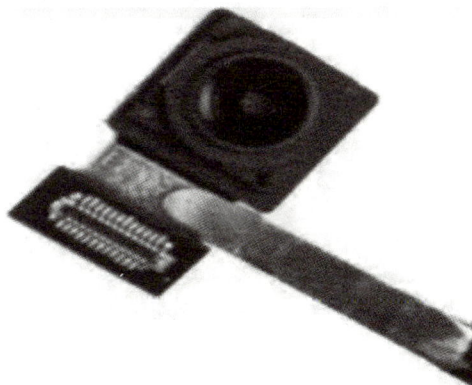

图 5-33　前置摄像头

　　取下 vivo S6 后置的四个摄像头，如图 5-34 所示，这四个摄像头分别为 4800 万主摄、800 万广角、200 万景深和 200 万微距，支持超级夜景、EIS 视频防抖以及人眼追焦等功能。

图 5-34　后置四个摄像头

取下摄像头后的主板如图 5-35 所示，主板座子设有 BTB 防护、防护罩、铜箔和导电布。vivo S6 后置四摄设有防滚轴，后置四摄通过主板凹槽固定。

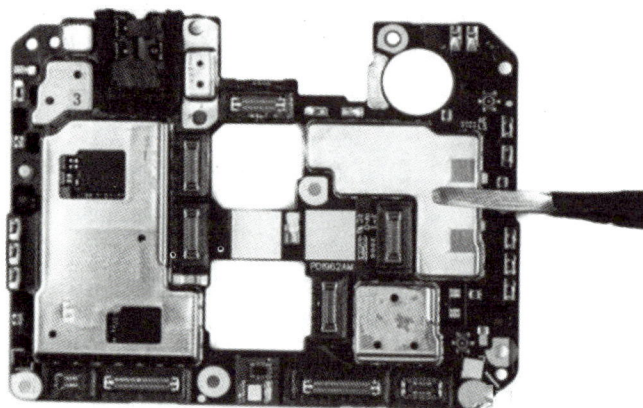

图 5-35　取下摄像头后的主板

主板背面特写如图 5-36 所示。主板背面设置了防护罩与铜箔，涂有蓝色硅脂的位置为 Exynos980 5G SoC，这款 SoC 保障了 vivo S6 的性能与 5G 表现。

图 5-36　主板背面特写

副板位置设有导电布固定 FPC 与副板的连接，如图 5-37 所示。

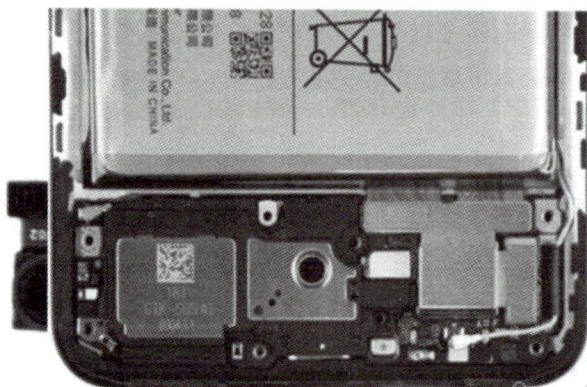

图 5-37　导电布固定 FPC 与副板连接

扬声器和副板采用分离式设计，扬声器体积很大，如图 5-38 所示。

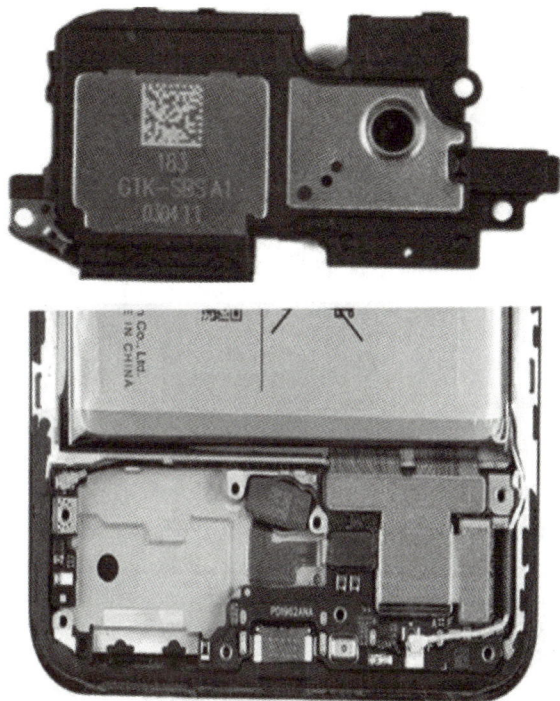

图 5-38　扬声器和副板

扬声器背面特写如图 5-39 所示。

图 5-39　扬声器背面特写

副板特写如图 5-40 所示，副板的 BTB 座子也设有防护。

图 5-40　副板特写

✍　　副板背面特写如图 5-41 所示，副板背面主要为 SIM 卡槽，同时副板上的 Type-C 口周边有橡胶防水。

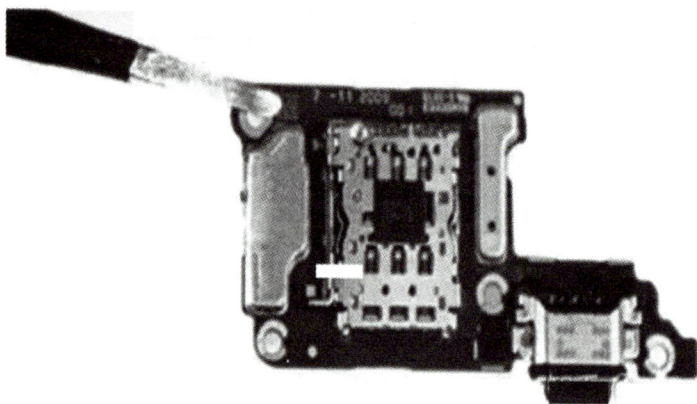

图 5-41　副板背面特写

vivo S6 的屏下指纹识别摄像头特写如图 5-42 所示。

图 5-42　屏下指纹识别摄像头特写

取下电池，如图 5-43 所示，vivo S6 电池的额定容量为 4500 毫安，支持 9 V 2A 的 18 W 快充。

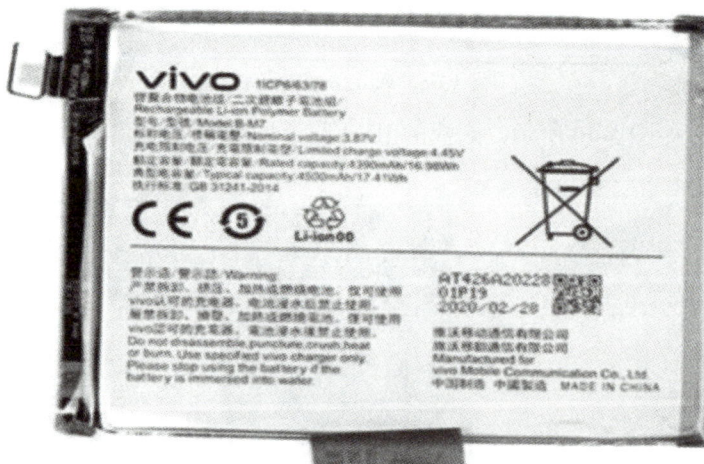

图 5-43　vivo S6 电池

取下电池后会发现 vivo S6 还设置了液冷热管散热，如图 5-44 所示。从实际的体验来看，Exynos980 是一款低功耗高性能 SoC，配合石墨烯散热有更好的性能发挥。

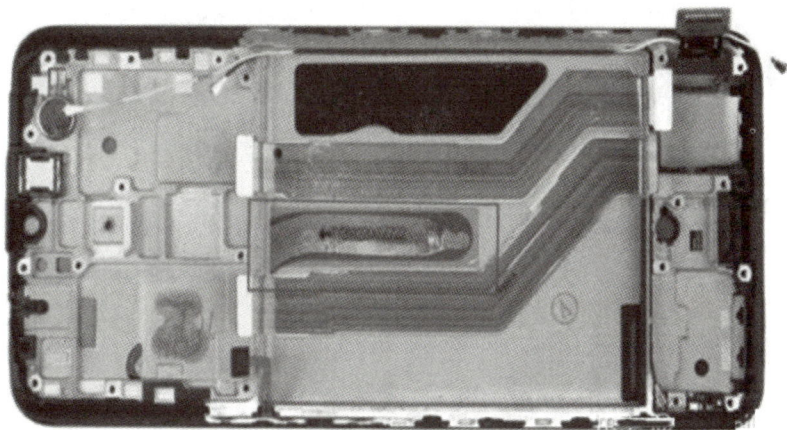

图 5-44　电池液冷热管散热

至此，vivo S6 拆解完成，如图 5-45 所示。

图 5-45　vivo S6 拆解完成

5.5.2　小米 MIX2s 拆机

小米 MIX2s 搭载骁龙 845 处理器，屏幕尺寸为 5.99 英寸，有 6 + 64 GB/6 + 128 GB/8 + 256 GB 三个版本可选，机身采用玻璃前面板 + 金属中框 + 陶瓷背壳设计，支持无线充电，想知道无线充电圈长什么样吗？

拆机工具 / 原料包括小米 MIX2s 手机一部、卡针、塑料翘片、吸盘、螺丝刀、镊子等。

拆机方法 / 步骤如下：

(1) 关机、取卡托：将小米 MIX2s 关机，用卡针将卡托取下。

(2) 分离后壳：利用热风枪或吹风机加热小米 MIX2s 手机的玻璃后盖和边框连接处，接着用吸盘从底部 USB 接口吸起屏幕部分，随后用翘片从缝隙处左右划开

✎ 后壳，如图 5-46 所示。

图 5-46　分离后壳

(3) 掀开后，可以看到无线充电线圈，接下来将主板螺丝拧下来，取下无线充电线圈，如图 5-47 所示。

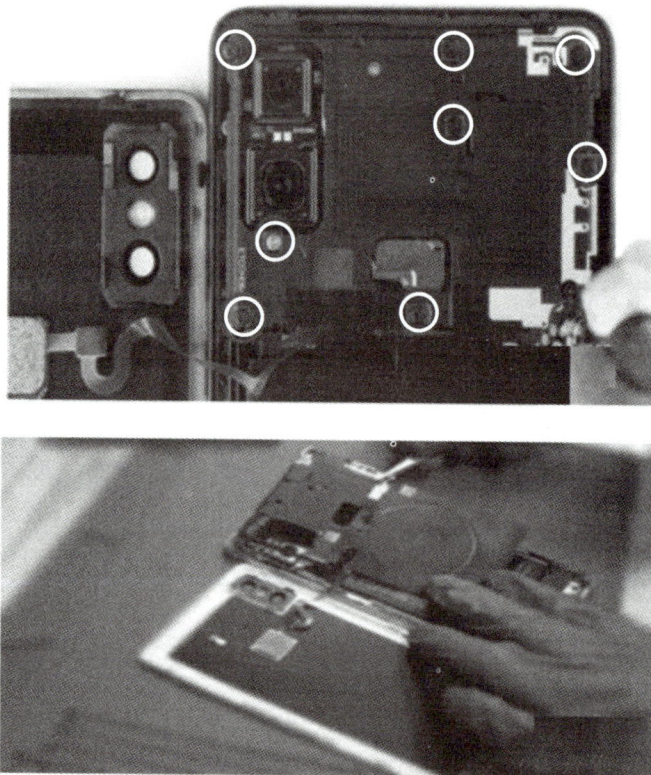

图 5-47　无线充电线圈

(4) 先断开电源连接器，再断开指纹排线连接器，取下后壳，如图 5-48 所示。

(5) 拆除主板。

① 断开其余连接器，如按键排线连接器、前置排线连接器、显示排线连接器以及副板连接器，右侧的射频线也要断开，小米 MIX2s 有两条射频线，这是比较少见的。

图 5-48　取下后壳

② 拆除剩余的一颗主板固定螺丝，把主板取下来，如图 5-49 所示。

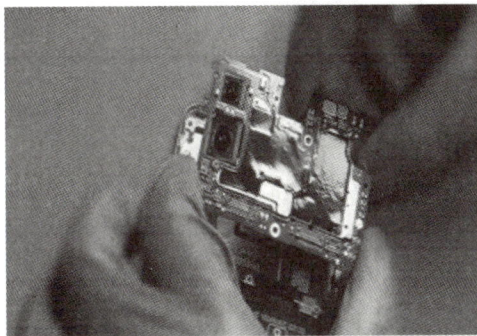

图 5-49　拆除主板

(6) 取出音腔：将底部螺丝拧下来，取出音腔，如图 5-50 所示。

图 5-50　取出音腔

(7) 拆除副板：断开副板排线连接器、主板排线连接器、呼吸灯光线传感器连接器以及同轴线连接器，拿出副板，如图 5-51 所示。至此，此次拆机完毕。

图 5-51　拆除副板

注意：小米 MIX2s 采用两种型号的螺丝，需要注意区分放置。

5.5.3　vivo X23 拆机

vivo X23 是 vivo 推出的一款水滴屏全面屏手机，配备 91.2% 高屏占比全面屏和屏幕指纹，还搭载了超广角拍照。这样一部手机它的内部结构如何，下面一起来看看。

1. 拆机工具

vivo X23 的拆机工具包括十字螺丝刀、撬棒、顶针卡、薄拆机片、拆机片、吸盘、一字螺丝刀、电吹风，如图 5-52 所示。

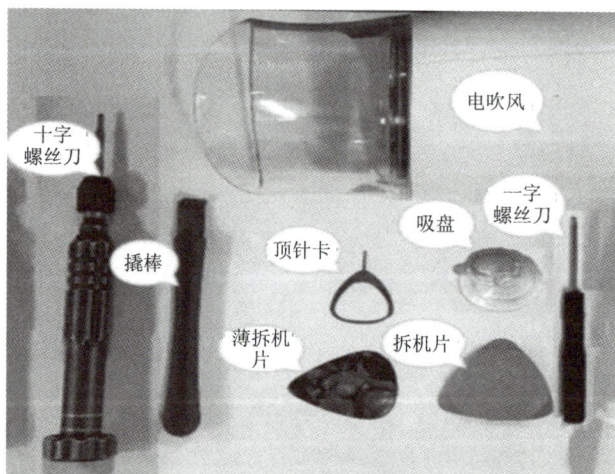

图 5-52　拆机工具

2. 拆卸电池盖

拆卸电池盖的步骤如下：

(1) 拆机前将手机关机。SIM 卡托位于手机下方，用标配的取卡针取出卡托，如图 5-53 所示，不可使用其他工具。

图 5-53　取出卡托

(2) 用十字螺丝刀取下电池盖尾部的两颗螺钉，如图 5-54 所示。

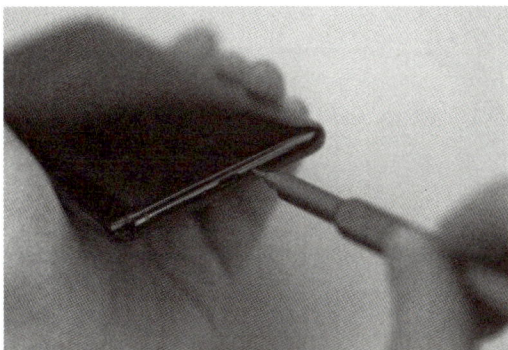

图 5-54　拆除尾部螺钉

(3) 从整机下端顶开电池盖，用拆机片轻轻划动，电池盖即可取下，如图 5-55 所示。

注意：① 拆机平台务必干净，不能有异物、颗粒物。拆机时注意力度不能太大，不能让整机变形大，防止玻璃破碎。② 不要划到卡托孔位置，卡托孔位置比较薄，容易变形。③ 不要划到侧边的按键开关，防止刮坏。

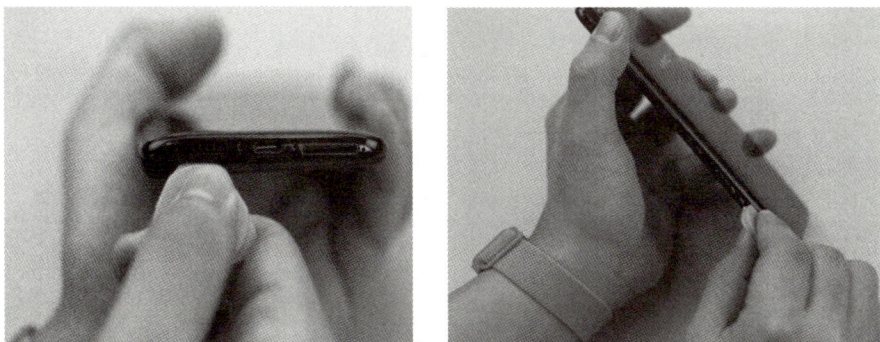

图 5-55　顶开电池盖

(4) 电池盖完全取下如图 5-56 所示。

图 5-56　电池盖完全取下

3. 拆卸主板

拆卸主板的步骤如下：

(1) 用十字螺丝刀取出主板及支架的 8 颗固定螺钉，如图 5-57 所示。

图 5-57　取出主板及支架的 8 颗固定螺钉

(2) 用手顶住主板上方主支架，该支架有扣位可扣住中框，进而固定和保护摄像头排线插口，沿着箭头方向可把该支架顶出扣位，即可取下主支架，如图 5-58 所示。

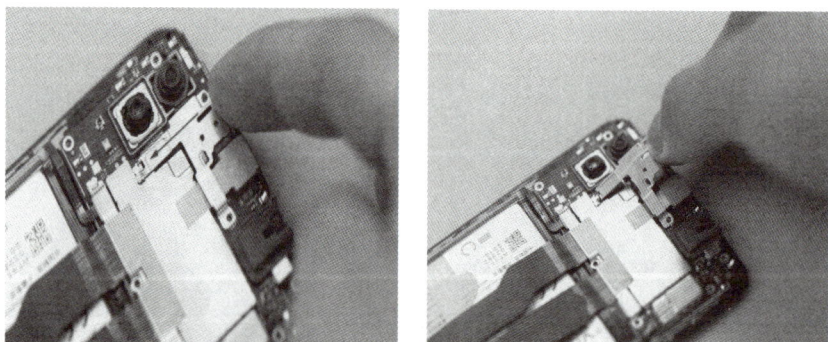

图 5-58　取下主支架

(3) 主板下方的排线插口支架也是通过扣住主板对各排线插口进行固定和保护的。先用撬棒稍微撬起该插口，分离胶纸和屏蔽罩，也可用镊子撕开胶纸。接着用手指捏住该支架，沿箭头方向推动，即可将支架从扣位顶出并取出，如图 5-59 所示。

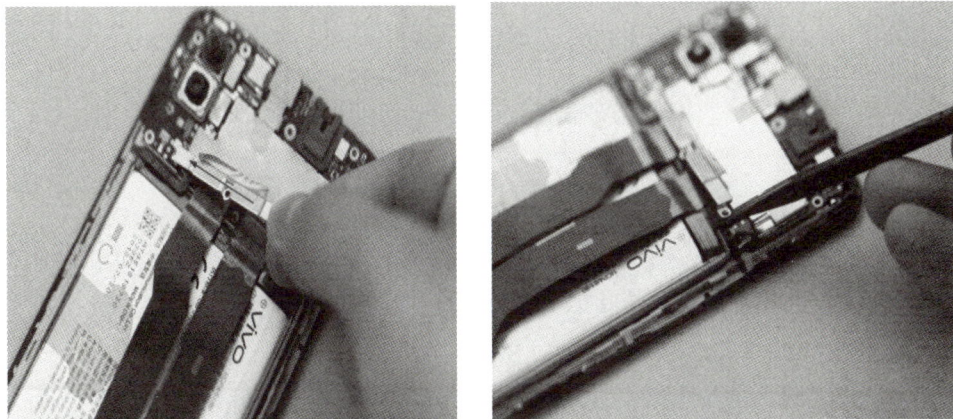

图 5-59　取下排线插口支架

(4) 用撬棒松开所有排线连接器，包括同轴线连接器。在取出支架后，用撬棒将几条排线插口和同轴线插口撬起。这几根排线插口从左到右分别是按键排线、两根尾插排线、电池排线，如图 5-60 所示。

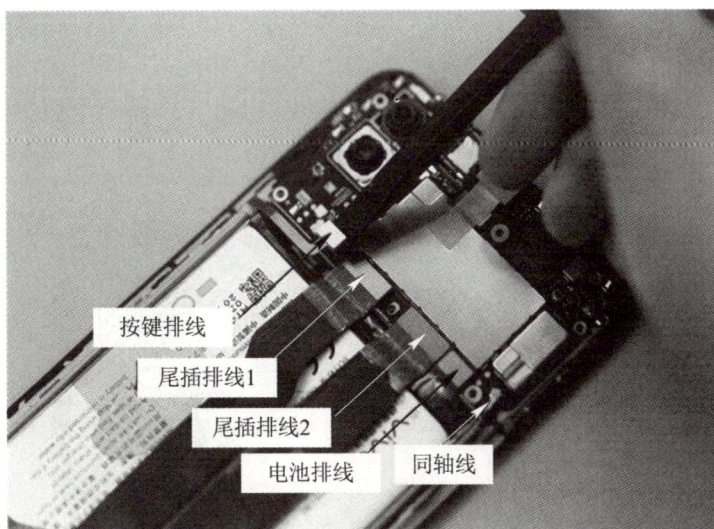

图 5-60　松开所有排线连接器及同轴线连接器

(5) 将所有排线插口和同轴线插口撬起之后，就可将主板取出了，主板拆卸完成，如图 5-61 所示。

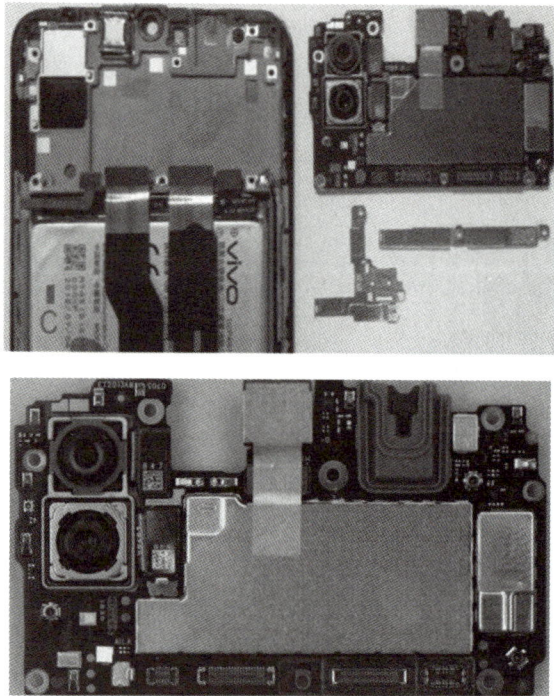

图 5-61   主板拆卸完成

4. 拆解摄像头

拆解摄像头的步骤如下：

1) 拆解后置摄像头

如图 5-62 所示，用撬棒将排线插口撬起，因为主摄像头和副摄像头是用一个金属框架固定在一块的，所以必须同时将上下两个排线——即副摄像头排线和主摄像头排线都撬起，才能取下后置摄像头模组。vivo X23 有两个后置摄像头，下方的为主摄像头，1200 万像素。

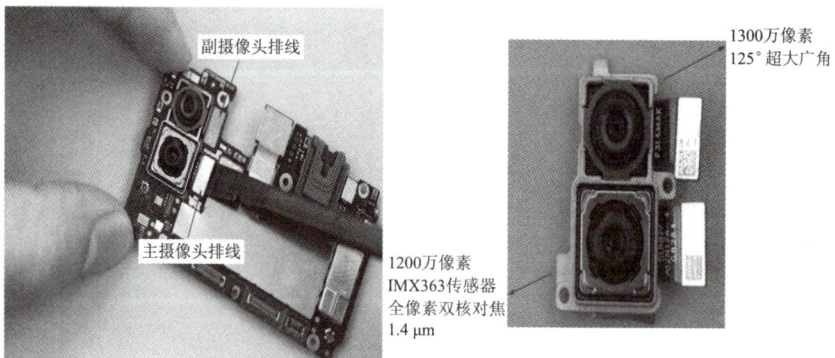

图 5-62   拆解后置摄像头

2) 拆解前置摄像头

拆解前置摄像头的方法则简单很多，如图 5-63 所示，直接将贴纸撕开一点，用撬棒将排线插口撬起即可取下。

图 5-63　拆解前置摄像头

5. 拆解屏蔽罩

vivo X23 的主屏蔽罩使用的是卡扣式封装，只需用撬棒的尖端就可将屏蔽罩撬起并且取出，如图 5-64 所示。左侧较大的一块芯片为 128 GB 的存储芯片，右侧则是高通骁龙 670AIE 处理器。该处理器涂有相变硅脂，能让热量更快地导到屏蔽罩上，进而发散出去。

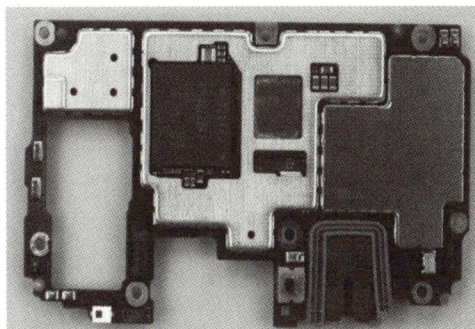

图 5-64　拆卸屏蔽罩

6. 拆卸电池

拆卸电池的步骤如下：

(1) 拉起 C 层薄膜，C 层薄膜要与电池完全分开。vivo X23 手机电池有辅助拆卸的胶贴，要拆卸电池，首先需要拉起透明的 C 层薄膜，并且将其和电池完全分开，压到另外一边，如图 5-65 所示。

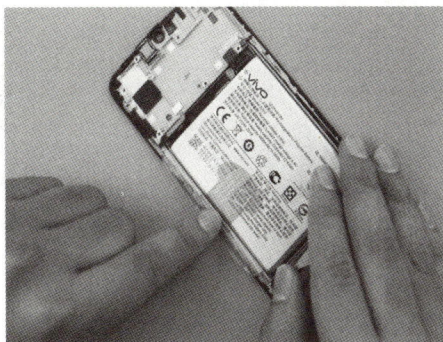

图 5-65　C 层薄膜位置

(2) 一只手压紧 C 层薄膜,另外一只手抓住绿色的拉手,以 30°～ 45°的方向,稍微用力慢慢提起拉手,拉出电池,如图 5-66 所示。若电池还无法拉出,则稍微加力,绝不能用尖锐的工具撬起电池,这样做可能会损坏电池甚至引发事故。

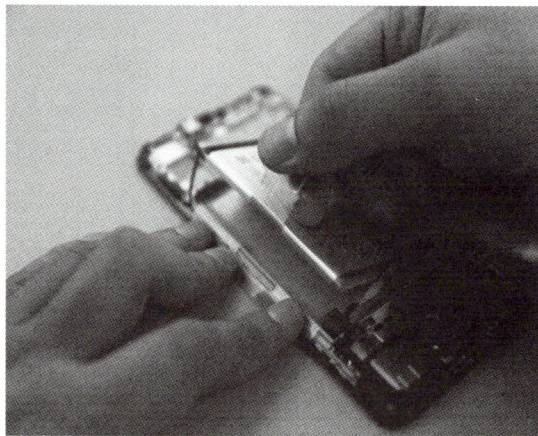

图 5-66　拆卸电池

7. 拆卸尾插副板

拆卸尾插副板的步骤如下:

(1) 用十字螺丝刀取下固定扬声器支架的 8 颗螺钉,如图 5-67 所示。拆卸尾插的方法和主板的相同,先将图 5-67 中圈注的 8 颗螺钉取下。在取出螺钉后,就可以直接取下保护盖板了。

注意:图 5-67 中下面中间那颗螺钉有防拆贴,如果防拆贴被破坏了,这部手机就失去保修了。所以拆解手机之前,要三思是否有必要。

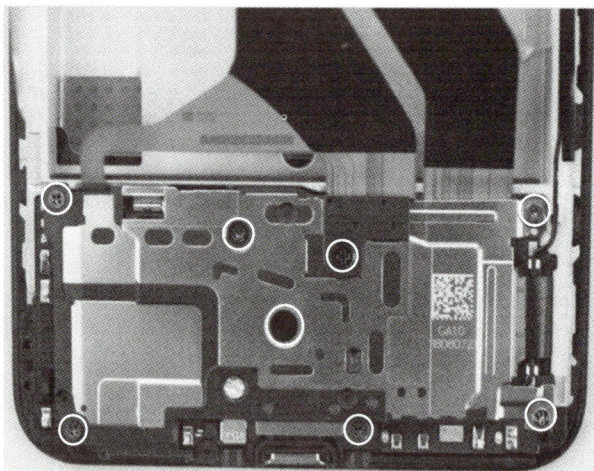

图 5-67　螺钉位置

(2) 将保护盖板取下后,可看到尾插上有很多排线,将它们按顺序撬起。先将上方的三个和主板相连的尾插排线撬起,最左侧的排线较小比较脆弱,所以要小心拆卸,如图 5-68 所示。撬起后可以直接移除尾插排线。

图 5-68　撬起尾插副板与主板相连的尾插排线

(3) 撬起同轴线插口，如图 5-69 所示。

图 5-69　撬起同轴线插口

(4) 撬起屏幕指纹的排线插口，如图 5-70 所示。该排线也很小，要小心拆卸。至此，所有排线插口都已撬起。

图 5-70　撬起屏幕指纹排线插口

(5) 用撬棒从尾插右下方插入，缓慢撬起尾插，如图 5-71 所示。因为尾插底部贴有一圈双面胶，所以尾插固定得比较牢固，需加一点点力气才能撬起。当然也要缓慢，以免因为太快或者用力过猛而损坏尾插。

图 5-71　用撬棒撬起尾插

(6) 处理好尾插小板后，用撬棒撬起左边的一块小副板，如图 5-72 所示。这块副板主要用于连接接收和发射天线，也正由于 vivo X23 手机的头尾都有天线的缘故，它的信号也比普通的手机要好。

图 5-72　用撬棒撬起小副板

(7) vivo X23 手机的马达也在尾部，直接用撬棒撬起即可，如图 5-73 所示。

注意：马达后面的排线有双面胶固定，可捏着马达缓慢地将排线撕下来，若备有镊子，则可用镊子撕下来。

图 5-73　拆卸马达

(8) 拆卸屏幕指纹 IC。从指纹 IC 右下角位置 (此处有缺口) 撬起指纹 IC，如图 5-74 所示。

图 5-74　拆卸屏幕指纹 IC

(9) 从 Holder 上方将 Holder 缓慢撬起。vivo X23 手机配备的是第四代光电指纹，是类似于摄像头的模块，如图 5-75 所示。

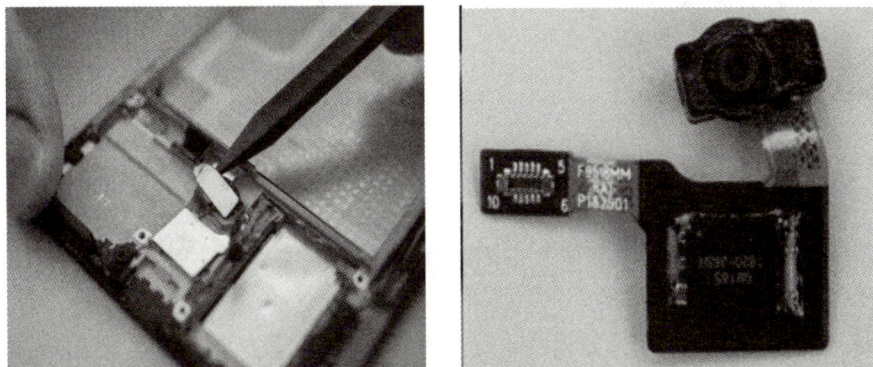

图 5-75　屏幕指纹 IC

8. 拆卸显示屏

拆卸显示屏的步骤如下：

(1) 用电吹风给显示屏四周加热，加热 5 ~ 8 分钟后用吸盘吸住机身顶部一角，将显示屏拉起，如图 5-76 所示。

注意：若没有拉起屏幕，千万不能一直用力，则需要对屏幕继续加热，再尝试拉起。显示屏很难拆，要加热很久，且非常容易拆裂损坏，也不能在同一位置一直吹，不建议自己拆卸。

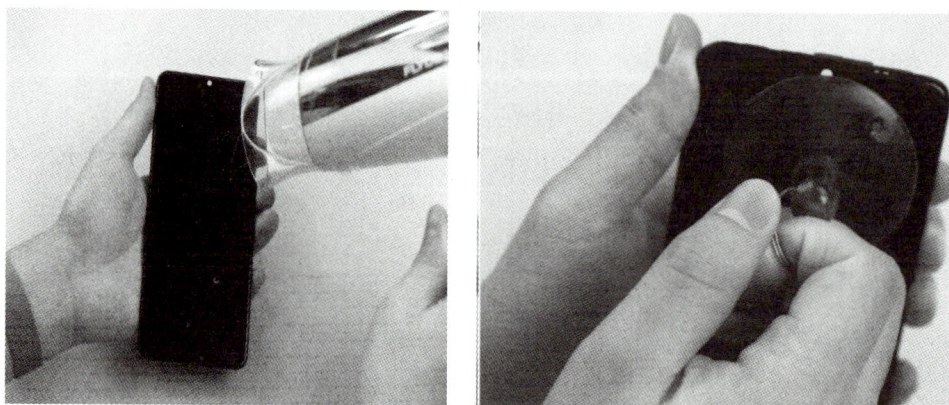

图 5-76　拆卸显示屏

(2) 使用吸盘可以将屏幕拉出一条裂缝，此时可以继续缓慢地拉出屏幕上半部分，如图 5-77 所示。

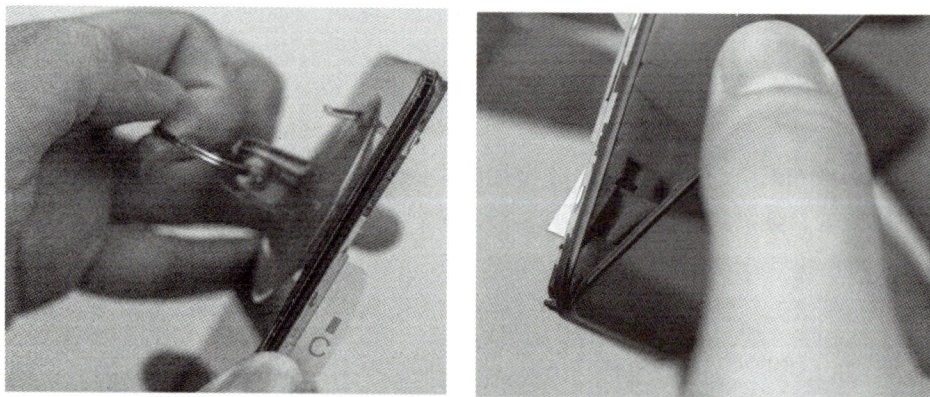

图 5-77　使用吸盘拆卸屏幕

(3) 屏幕和中框的合照如图 5-78 所示。从图 5-78 中可看到，中框上覆有大面积的石墨散热膜，辅助散热；屏幕前置摄像头右侧有一个茶色的圆圈，是让传感器透过屏幕获取对应信息 (如光线、距离) 的；下方大块电路板的位置也有一个较大的茶色正方形，是留给屏幕指纹的。

图 5-78 屏幕和中框的合照

9. 整机拆解完成

至此，整机拆解完成，如图 5-79 所示。vivo X23 手机拆解难度大，非专业人士不建议擅自拆解，因为一方面拆解将导致失去保修服务，另一方面拆机不当易损坏手机。

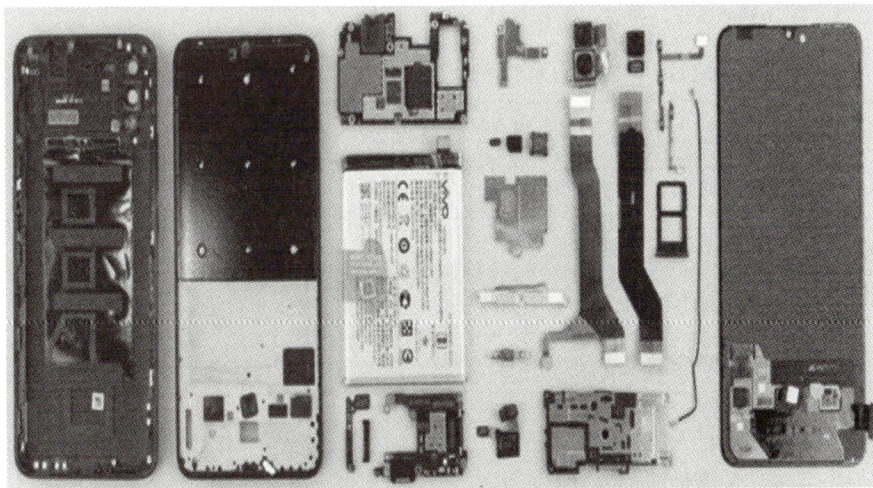

图 5-79 整机拆解完成

📶 本章小结

(1) 智能手机刷机流程为备份个人资料并保证电量充足、下载要刷的 ROM 包、解锁 BL 锁、刷入第三方 Recovery、进入 Recovery 模式、双清或四清、选择刷机包 (从 SD 卡里选择 zip 文件，即之前下载好的 ROM)。

(2) 常见的智能手机照片资料的恢复方法有云备份恢复、最近删除恢复、第三方数据恢复软件、强力恢复精灵、iCloud 备份恢复。

(3) 智能手机解锁流程通常包括获取解锁码、备份数据、下载软件和解码、清除锁屏密码、设置新密码、重启手机。

(4) 智能手机常见元器件识别包括电阻、电容、电感、滤波器、二极管、三极管、场效应管、集成模块、送话器、听筒与振铃器、石英晶体、接插件、开关件、磁控开关、天线、功率放大器、定向耦合器、手机键盘与液晶显示器等。

(5) 智能手机电路识读主要包括供电电路、射频接收电路、射频发射电路、音频电路、逻辑控制电路等。

本章考核评价

本章考核评价表如表 5-3 所示，包括基本素养 (30 分)、理论知识 (30 分)、实践操作 (40 分) 三个部分。

表 5-3 本章考核评价表

序号	评 估 内 容	自评	互评	师评
基本素养 (30 分)				
1	纪律 (无迟到、早退、旷课)(15 分)			
2	课堂表现能力、沟通能力 (15 分)			
理论知识 (30 分)				
1	掌握手机刷机、解锁的概念 (6 分)			
2	掌握手机刷机的流程 (8 分)			
3	掌握手机照片资料的恢复方法 (8 分)			
4	掌握手机解锁的流程 (8 分)			
实践操作 (40 分)				
1	熟练手机刷机操作 (6 分)			
2	熟练手机照片资料恢复操作 (6 分)			
3	熟练手机解锁操作 (4 分)			
4	熟练手机贴片式、BGA 等元器件焊接操作 (8 分)			
5	熟练识读手机电路框图、原理图、元件分布图等 (8 分)			
6	熟练常见手机拆机操作 (8 分)			

本章习题

一、填空题

1. VBATT 表示＿＿＿＿＿＿＿＿＿＿。

2. POW KEY 表示＿＿＿＿＿＿＿＿。

3. L275 表示＿＿＿＿＿＿＿＿＿＿。

4. R275 表示＿＿＿＿＿＿＿＿＿＿。

5. RX、TX 分别表示＿＿＿＿＿＿＿＿、＿＿＿＿＿＿＿＿＿。

6. LNA、MIX 分别表示＿＿＿＿＿＿＿＿、＿＿＿＿＿＿＿＿。

7. PA、MOD 分别表示＿＿＿＿＿＿＿＿、＿＿＿＿＿＿＿＿。

8. MAINCLK、RFC 分别表示＿＿＿＿＿＿＿＿＿、＿＿＿＿＿＿＿。

9. RX VCO、TX VCO 分别表示＿＿＿＿＿＿＿＿、＿＿＿＿＿＿＿。

10. EARN、EARP 分别表示＿＿＿＿＿＿＿＿、＿＿＿＿＿＿＿＿。

二、简答题

1. 简述智能手机解 BL 锁的流程。

2. 什么叫双清？什么叫四清？

3. 常见的智能手机照片资料的恢复方法有哪几种？

4. 什么叫智能手机解锁？

5. 智能手机解锁流程通常包括几个步骤？

6. 怎么区分智能手机中贴片式电阻与二极管？

7. 简述 SOP、QFP 和 BGA 封装 IC 外形的区别。

8. 怎么用万用表判断话筒的好坏？

第 6 章 / 智能手机硬件电路故障诊断与维修

本章描述

当前智能手机已成为我们日常生活中不可或缺的一部分，其高度的集成化和智能化为我们提供了丰富的功能和便利的通信手段。然而，与此同时，智能手机的复杂性和精密性也增加了其在使用过程中出现故障的可能性，主要包括射频信号类故障、供电类故障、逻辑类故障、显示触控类及照相类故障、音频类故障、接口类故障等方面。本章将深入探讨智能手机故障诊断的常用方法、维修技巧。

本章目标

(1) 掌握射频信号类故障的诊断与维修方法；

(2) 掌握供电类故障的诊断与维修方法；

(3) 掌握逻辑类故障的诊断与维修方法；

(4) 掌握显示触控类及照相类故障的诊断与维修方法；

(5) 掌握音频类故障的诊断与维修方法；

(6) 掌握接口类故障的诊断与维修方法；

(7) 通过对智能手机硬件电路故障诊断与维修技术层面的学习，培养学生工匠精神的传承和良好的职业道德。通过学习，不仅要掌握专业技能，更要培养良好的职业素养和道德观念。

本章重点

(1) 射频信号类故障的诊断与维修；

(2) 供电类故障的诊断与维修；

(3) 逻辑类故障的诊断与维修；

(4) 显示触控类及照相类故障的诊断与维修；

(5) 音频类故障的诊断与维修；

(6) 接口类故障的诊断与维修。

6.1　射频信号类故障的诊断与维修

本节导入

智能手机射频信号对保障智能手机通信的稳定性和可靠性起着至关重要的作用。然而，由于复杂的环境条件、硬件老化或软件冲突等多种因素，智能手机射频信号类故障时有发生，这不仅影响了用户的通信体验，还可能对手机的整体性能造成损害。因此，智能手机射频信号类故障的诊断与维修显得尤为重要。本书将介绍智能手机射频信号类故障的诊断与维修方法，准确判断故障点，快速采取维修措施，恢复手机的正常通信功能。

6.1.1　射频信号类故障的分析

射频电路是手机接收和发射信号的关键电路，若该电路出现故障，则会引起智能手机出现接听或拨打电话的故障。

如果接收信号部分电路出现问题，就会造成信号不稳定、无信号等故障。

如果发射信号部分电路出现问题，就会造成手机无场强信号指示、手机发射弱电、发射掉信号、发射关机等故障。

如果射频电源部分和时钟信号部分公共电路出现问题，就会造成无信号、发射时关机等故障。

1. 不入网的故障分析

不入网的故障可分为有信号不入网、无信号不入网两种情况。有的手机只要接收通道是正常的，就有信号强度显示，其故障就与发射电路有关。

2. 信号不稳定的故障分析

信号不稳定故障，即手机开机后有信号，过一会儿信号消失；在信号较强的地区有信号，在信号弱的地区又没有信号。出现信号不稳定的故障一般都是接收通道元器件虚焊所致，摔过的智能手机容易出现此故障。只要对接收滤波器、中频滤波器、射频信号处理芯片等元器件进行补焊，大多都能恢复正常。

3. 手机无场强信号指示的故障分析

正常手机开机后，在寻找网络的同时，电流表指针不停地摆动。若电流表指针摆动正常，仍无网络，则大多是发射 VCO 部分或功率放大电路部分导致的故障。若电流在 10 ~ 60 mA 不停地寻网，则多是混频以前的电路问题。若无信号，且电流停在一个位置不断地摆动，则故障多在接收本振电路或接收通道其他部分。

4. 手机发射弱电的故障分析

发射弱电是指手机在待机状态时，电池电量是满的，但一拨打电话，或打几个电话后，马上显示电量不足，并出现低电告警的现象。其产生原因多为电池与触片接口脏污或接触不良，或电池与手机电路板间接口接触不良，或功率放大器损坏。

5. 发射掉信号的故障分析

发射掉信号是指手机在待机状态时信号正常，但只要拨打电话，信号立即下掉到无信号的现象，此类故障多由功率放大器虚焊或损坏引起。

6. 发射时关机的故障分析

发射时关机是指拨打电话时，按下手机发射键，手机就自动关机。此故障通常由功率放大器部分故障引起，更换功率放大器即可排除故障。不过有的故障原因是电池电压过低或电池老化，更换电池即可排除。

6.1.2　射频信号类故障的诊断流程

射频电路故障是使手机维修行业至少有 95% 的人感到头疼不已的故障，射频电路出现故障的频率较高。对智能手机的射频电路进行检修，主要是对射频电路的供电电压、收发状态下的输入和输出信号、时钟信号等进行检测。

一般如果智能手机拨打电话有问题，那么重点检查射频发射电路，包括从射频信号处理芯片到射频功率放大器芯片之间的电路，从射频功率放大器芯片到射频收发电路芯片之间的电路，从射频收发电路芯片到射频天线之间的电路。

如果智能手机接听电话有问题，那么重点检查射频接收电路，包括从射频天线到射频收发电路芯片之间的电路，从射频收发电路芯片到射频信号处理芯片之间的电路。

如果智能手机拨打和接听电话均有问题，那么重点检查公共电路，包括以射频电源管理芯片为核心的供电电路，以及时钟电路。

射频电路故障诊断的基本流程如下：

(1) 在接听电话时，用频谱检测仪检测射频天线模块是否有射频信号。

(2) 检测射频收发电路芯片供电电压是否正常，射频输入信号及输出信号是否正常。

(3) 检测射频信号处理芯片的供电电压及时钟信号是否正常，输入及输出端的信号是否正常。

(4) 检测射频功率放大器芯片的供电电压是否正常，输入及输出信号是否正常。

(5) 检测射频电路供电芯片输出的电压是否正常。若不正常则重点检测此芯片的工作电压是否正常。

6.1.3 快速诊断并维修智能手机无信号故障

智能手机无信号及信号弱故障的诊断及维修方法如下：

(1) 将手机设置为手动搜网状态，因为无信号故障可能由接收电路不良或发射电路不良引起。如果能手动搜到网络，说明接收电路正常，无信号故障应为发射电路不良导致；如果不能手动搜到网络，说明是由接收电路引起的无信号故障。

(2) 如果是接收电路引起的无信号，应先用示波器测量射频收发电路芯片输出的射频频率信号的波形，如果有信号波形，说明故障由射频信号处理芯片引起，应检查此芯片的供电电压是否正常，若正常，则加焊或更换该芯片，或重新刷写软件。

(3) 如果不能测量到射频收发电路芯片输出的射频频率信号的波形，说明接收射频电路不良，此时可在天线开关输出的滤波器的输入端接上假天线，如果有信号，说明故障问题在天线开关或耦合元件上，检查并更换损坏的元件。

(4) 如果接上假天线还是无信号，说明问题在射频信号处理芯片及外围元件上。此时，先加焊射频信号处理芯片，然后检查外围元件好坏。

6.1.4 快速诊断并维修智能手机发射关机故障

智能手机发射关机故障的诊断及维修方法如下：

(1) 从射频功率放大器开始检查，可以先检测射频功率放大器芯片的工作电压是否正常。若正常，则加焊射频功率放大器芯片。

(2) 若故障依旧，则可以检测射频信号处理芯片输出的频率信号是否正常。若不正常，则可能是射频信号处理芯片及外围元件有问题，重点检查射频信号处理芯片的工作电压是否正常，以及时钟频率信号是否正常。

(3) 若射频信号处理芯片的工作电压及时钟信号不正常，则重点检查射频电源管理芯片及外围元件。若时钟信号不正常，则检测晶振和谐振电容是否虚焊或损坏。

(4) 若射频信号处理芯片的工作电压及时钟信号正常，则可能是芯片虚焊或损坏，应对射频信号处理芯片进行加焊处理。

6.2 供电类故障的诊断与维修

本 节 导 入

智能手机供电系统的稳定性与可靠性直接关系到手机的正常运行和用户体验。随着智能手机功能的不断增强和屏幕尺寸的扩大，对供电系统的要求也越来越高。然而，由于电池老化、充电器故障、电路损坏等多种原因，智能手机供电类故障时有发生，给用户带来诸多不便。本节将深入探讨智能手机供电类故障的诊断与维修。

6.2.1 供电类故障的分析

若智能手机的供电电路出现故障，则会引起智能手机无法开机、自动关机、自动重启、不充电、充电异常、死机等故障。

(1) 若智能手机出现无法开机故障，则应重点检查电池接口、32.768 kHz 时钟电路、复位电路、开关按键、电源电路中的电源控制芯片及滤波电容、电感等元件；

(2) 若智能手机自动重启，则应重点检测电池和电池插座的连接、电源电路中的元件；

(3) 若智能手机无法充电或充电异常，则应重点检查充电接口、充电控制芯片、电源控制芯片、充电电流电压检测元件等部位。

6.2.2　供电类故障的诊断流程

供电类故障分为无法开机和无法充电两种情况，诊断流程如图 6-1 和图 6-2 所示。

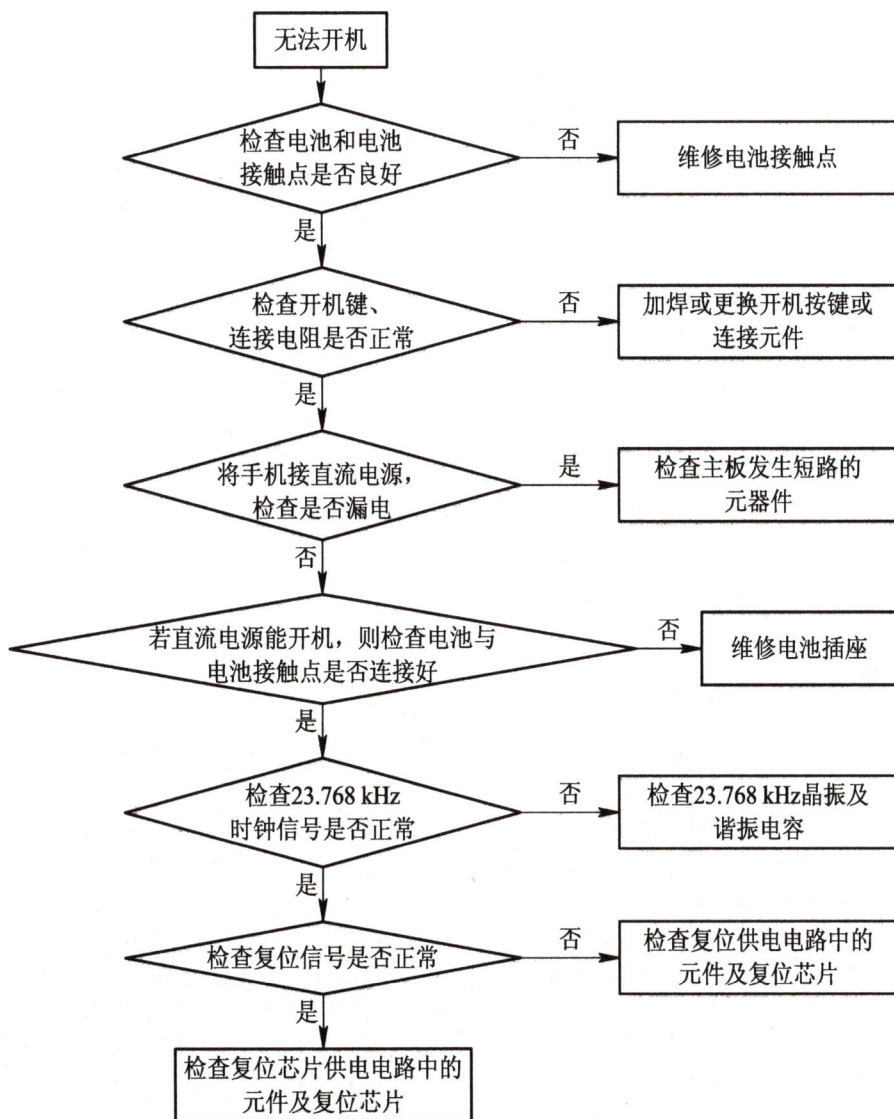

图 6-1　无法开机故障的诊断流程

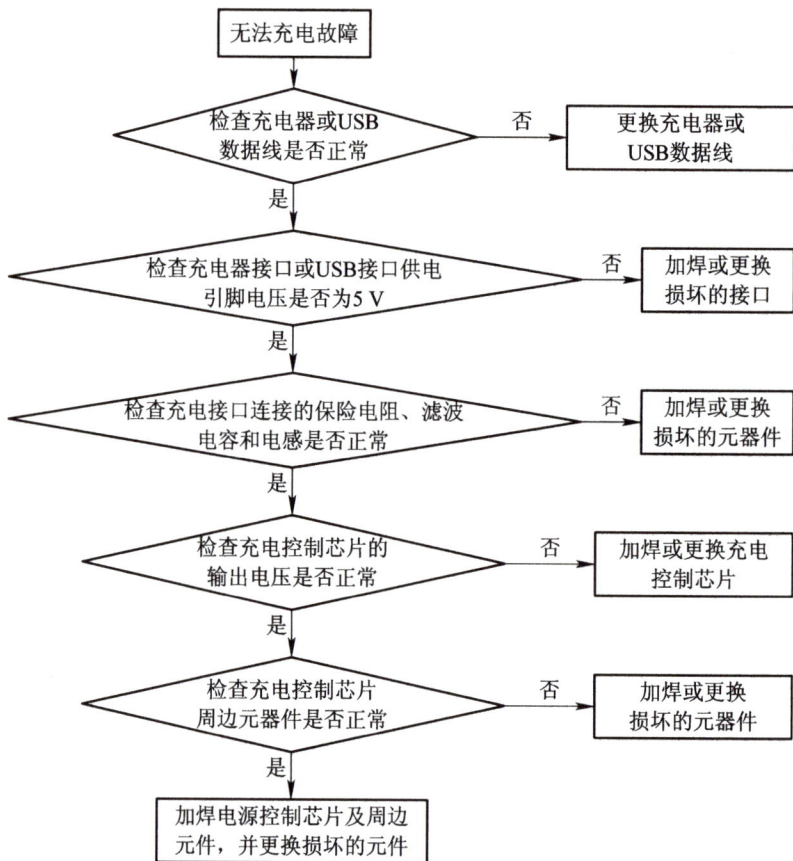

图 6-2　无法充电故障的诊断流程

6.2.3　电流法快速诊断并维修供电电路故障

当智能手机电源电路出现故障时，首先应观察故障现象，缩小故障范围，找到故障点，并分析故障形成的原因，然后对判断出的故障点进行维修。

检修电源电路一般采用电流测量法和电压测量法，下面重点介绍用电流测量法检测电源电路故障。

当手机正常工作时，整机电源供电电流是随着各部分电路的工作时间而变化的。一般情况下，按下开机键，工作电流大致为：处理器开始工作后，电流为 50 mA 左右；程序软件开始工作，电流为 60 ～ 100 mA；搜索网络，电流为 200 mA 左右；进入待机状态（显示屏背光灯熄灭），电流为 10 mA 左右。

在智能手机出现故障后，根据有无电流变化和变化大小，可判断出故障的大致部位。电流测量法检测电源电路故障的方法如下：

(1) 按开机键电流表指针不动，手机不能开机。这种情况大多出现在开机回路不正常的状态下，可能是开机键、电池供电、电源电路及相关元器件出现故障。

(2) 按开机键电流有指示，但不摆动，说明电源控制芯片、处理器等电路已经工作，可能是软件程序出现故障。

(3) 按开机键电流达不到预期值，可能是发射通路出现故障。

(4) 按开机键能开机，但松手后即关机。这种情况故障多出现在开机维持信号电路。由于开机维持信号由处理器发出，因此松手后即关机故障涉及的情况较多，应重点检查处理器、存储器、时钟电路、电源电路、软件等。

手机出现大电流不开机的情况，可分为以下两种情况：

第一种情况是加上电源就出现大电流漏电。引起此故障的原因一般是手机上直接与电池正极相连的元件损坏、漏电，如电源控制芯片、功率放大器、电源稳压器、场效应管、滤波电容等，其中功率放大器短路较常见。

第二种情况是按开机键出现大电流反应。引起此故障的原因一般在电源的负载支路上，而损坏的元件也较多样化，大的元件如处理器、射频信号处理器、音频信号处理器、存储器等，小的元件如升压稳压器、滤波电容、电阻等。

6.2.4　电压法快速诊断供电电路故障

利用电压测量法可精确测量出电源电路的工作状态。测量时采用强制开机法（即将电源开机键短接），然后检测处理器、存储器、时钟电路、复位信号的供电电压。若测量电压不正常，则说明电源电路存在故障。

6.2.5　快速诊断并维修手机无法开机故障

在智能手机中，电源电路不正常引起手机出现的故障大致有加电按开机键大电流不开机、开机白屏、开机灯闪亮后马上熄灭不开机、死机、自动重启、无法充电等，这些都是智能手机常见的故障。这些故障的检修方法如下：

(1) 检测电池输入电源控制芯片的电压情况。当出现加电按开机键无电流反应时，必须仔细测量电池插座输出端的 3.7 V 供电电压是否正常，可以测量与电池插座正极连接的电感或电容端的电压，并且都可短接试机。

(2) 如果电池输入电源控制芯片的电压正常，但开机无电流反应，那么可能是电源控制芯片或者开机电路开路引起的故障。接着检查开机电路，检查开机键是否接触良好，开机键连接的压敏保护电阻和电感等是否损坏。

(3) 如果电池供电与开机电路都正常，那么接着检测电源控制芯片输出端电压，这些电压分别为处理器、射频电路、总线及其他接口部分电路供电。如果没有这些供电电压，必将导致手机不能开机或者出现其他故障。

(4) 如果电源控制芯片输出端的电压不正常，那么可能是电源控制芯片有问题，可以采取加焊的方式进行处理。若问题依旧，则需要更换电源控制芯片。

(5) 如果电源控制芯片输出端的电压都正常，那么必须检查两个时钟和复位产生电路。重点检查时钟电路中的 32.768 kHz 晶振和复位芯片。

6.2.6　快速诊断并维修电池充电电路故障

1. 电池充电电路故障

智能手机电池充电电路常见的故障如下:

(1) 连接充电器后,手机无任何反应;

(2) 刚接上充电器时,手机可以充电,但过一会儿没有任何反应,把充电器拿下重新插上后又可以充电,但过一会儿又出现同样的情况;

(3) 接上充电器后,手机显示充电,但是拔下充电器后,手机还是显示正在充电,过一会儿才会消失;

(4) 手机只要装上电池就显示"正在充电";

(5) 用原装电池不能充电,而用非原装电池却可以正常充电;

(6) 刚接上充电器后手机显示"正在充电",但过一会儿就显示"未能充电";

(7) 接上充电器手机就显示"未能充电";

(8) 电池显示总是满格,充电则显示"未能充电",伴随有使用电池无法开机,用稳压电源却可以开机的故障,但不是那种短路电池对地的人为情况。

各种手机的充电电路虽然不相同,但工作原理却基本一致。充电电路一般由三部分电路组成:一是充电检测电路,用来检测充电器是否插入手机充电座;二是充电控制电路,用来控制外接电源向手机电池进行充电;三是电池电量检测电路,用以检测充电电量的多少,当电池充满电时,向逻辑电路提供"充电已好"的信号,于是,逻辑电路控制断开充电控制电路,停止充电。

一般来说,当充电检测电路出现问题时,会出现开机就显示充电符号、不充电等故障;当充电控制电路出现问题时,一般会出现不充电故障;当电池电量检测电路出现问题时,一般会出现充电时始终充电或显示充电符号但不能充电的故障。

2. 电池充电电路维修

电池充电电路故障的维修方法如下:

(1) 检查智能手机的 USB 数据线或充电器是否正常,若不正常,则更换充电器或 USB 数据线;

(2) 如果 USB 数据线检测没有问题,那么检查电路板的 USB 接口或充电接口供电引脚电压是否为 5 V,若不是,则加焊或更换损坏的电池接口;

(3) 如果电池接口电压正常,那么检查充电接口连接的保险电阻、滤波电容和电感等是否正常,若不正常,则更换损坏的元器件;

(4) 如果以上均检测正常,那么检查充电控制芯片的输出电压是否正常,若不正常,则加焊或更换充电控制芯片;

(5) 如果充电控制芯片的输出电压正常,那么检查充电控制芯片周边元件是否正常，若不正常，则加焊或更换损坏的元件；

(6) 如果充电控制芯片周边元件正常，那么可能是电源控制芯片有问题，检测电源控制芯片。

6.3　逻辑类故障的诊断与维修

本节导入

　　逻辑电路作为智能手机的核心组成部分，其稳定性与可靠性对于保障手机整体运行具有至关重要的作用。然而，由于软件冲突、硬件老化、电路设计缺陷等多种因素，智能手机逻辑类故障时有发生，本节将深入探讨智能手机逻辑类故障的诊断与维修。

6.3.1　逻辑类故障的分析

　　若智能手机的处理器电路出现故障，则会引起智能手机无法开机、可以开机但有些功能无法使用、死机、自动开机、振动时关机、按键时关机、按键失灵、无法进入功能菜单、白屏等故障。

　　(1) 若智能手机无法开机，则应重点检查电池是否安装好，开机键是否有问题，电源供电电路、时钟电路和复位电路、处理器电路和存储器电路等是否有问题；

　　(2) 若智能手机死机，则应重点检测安装的程序、存储器电路、处理器电路等；

　　(3) 若智能手机按键失灵，则应重点检查按键是否虚焊，按键电路中电容、电阻等元件，处理器电路等是否有问题；

　　(4) 若智能手机自动关机，则应重点检查电池与触片接触是否正常，处理器电路、存储器电路等是否有问题；

　　(5) 若智能手机自动开机，则应重点检查开机按键电路。

6.3.2　逻辑类故障的诊断流程

　　逻辑类故障分为无法开机和按键失灵两种情况，诊断流程如图 6-3 和图 6-4 所示。

```
                        ┌──────────┐
                        │ 无法开机 │
                        └────┬─────┘
                             ▼
              ╱───────────────────────╲          否    ┌──────────────────┐
             ╱   检查电池和电池          ╲──────────────▶│ 维修电池接触点    │
             ╲   接触点是否良好          ╱               └──────────────────┘
              ╲───────────────────────╱
                        │ 是
                        ▼
              ╱───────────────────────╲          否    ┌──────────────────┐
             ╱   检查开机键、            ╲──────────────▶│ 加焊或更换开机键或 │
             ╲   连接电阻是否正常        ╱               │ 连接元件          │
              ╲───────────────────────╱               └──────────────────┘
                        │ 是
                        ▼
              ╱───────────────────────╲          是    ┌──────────────────┐
             ╱   将手机接直流电源,       ╲──────────────▶│ 检查主板发生短路的 │
             ╲   看是否漏电              ╱               │ 元器件            │
              ╲───────────────────────╱               └──────────────────┘
                        │ 否
                        ▼
              ╱───────────────────────╲          否    ┌──────────────────┐
             ╱   若直流电源能开机,则检查  ╲─────────────▶│ 检查电源供电电压   │
             ╲   电池与电池接触点是否连接好╱              └──────────────────┘
              ╲───────────────────────╱
                        │ 是
                        ▼
              ╱───────────────────────╲          否    ┌──────────────────┐
             ╱   检查处理器的供电         ╲──────────────▶│ 检查供电电压       │
             ╲   电压是否正常            ╱               └──────────────────┘
              ╲───────────────────────╱
                        │ 是
                        ▼
              ╱───────────────────────╲          否    ┌──────────────────┐
             ╱   检查处理器的时钟信号和   ╲─────────────▶│ 更换时钟电路或复位 │
             ╲   复位信号是否正常        ╱               │ 电路中损坏的元件   │
              ╲───────────────────────╱               └──────────────────┘
                        │ 是
                        ▼
              ┌──────────────────────┐
              │ 加焊或更换处理器芯片    │
              └──────────────────────┘
```

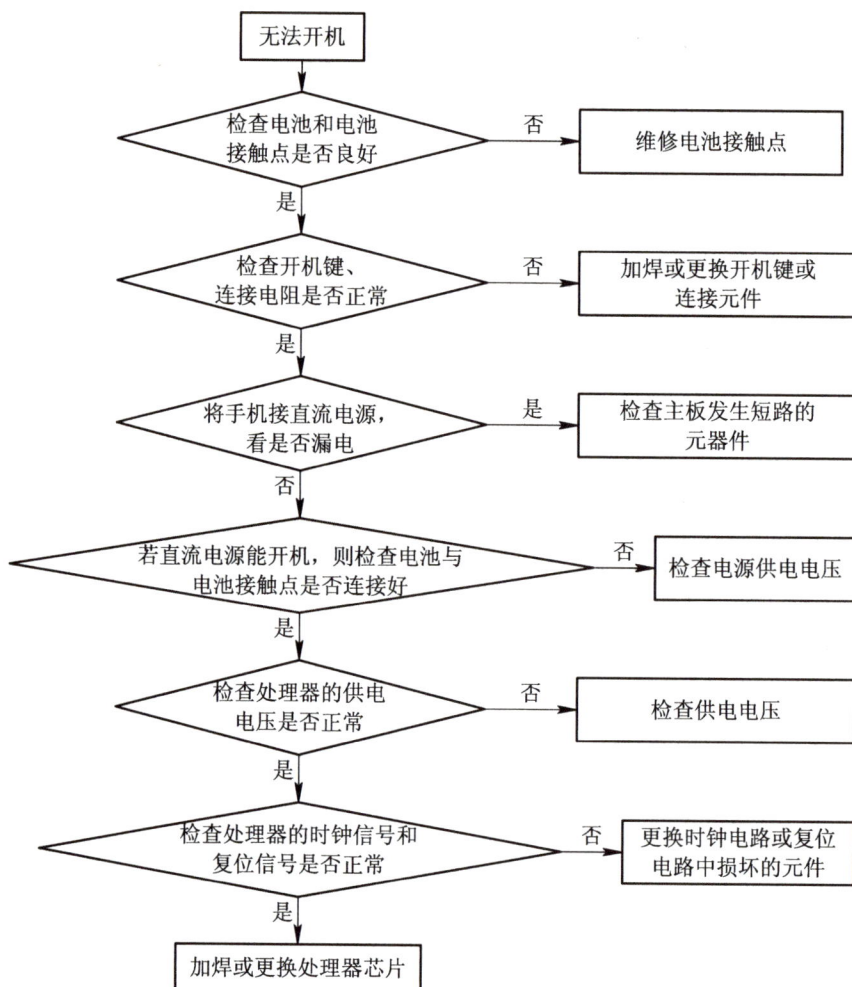

图 6-3　无法开机故障的诊断流程

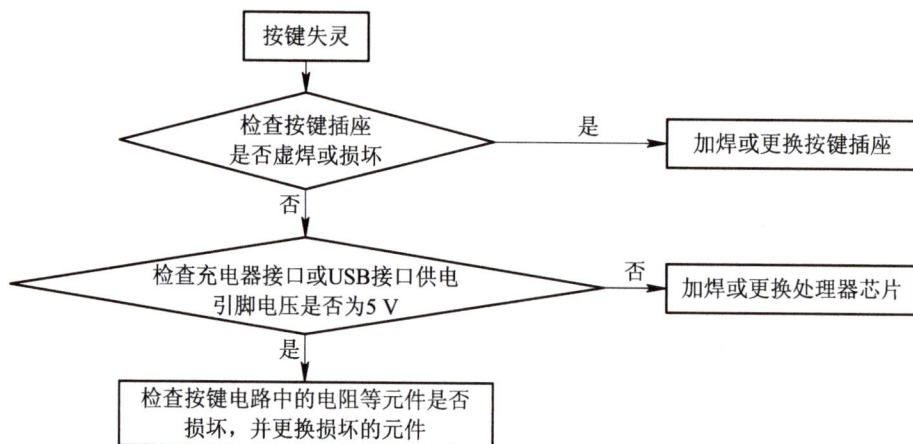

```
                        ┌──────────┐
                        │ 按键失灵 │
                        └────┬─────┘
                             ▼
              ╱───────────────────────╲          是    ┌──────────────────┐
             ╱   检查按键插座            ╲──────────────▶│ 加焊或更换按键插座 │
             ╲   是否虚焊或损坏          ╱               └──────────────────┘
              ╲───────────────────────╱
                        │ 否
                        ▼
              ╱───────────────────────╲          否    ┌──────────────────┐
             ╱  检查充电器接口或USB接口供电╲────────────▶│ 加焊或更换处理器芯片│
             ╲  引脚电压是否为5 V          ╱              └──────────────────┘
              ╲───────────────────────╱
                        │ 是
                        ▼
              ┌──────────────────────┐
              │ 检查按键电路中的电阻等元件是否│
              │ 损坏,并更换损坏的元件  │
              └──────────────────────┘
```

图 6-4　按键失灵故障的诊断流程

6.3.3　快速诊断并维修逻辑电路故障

智能手机的处理器电路出现故障后，通常会造成屏幕显示不正常、按键失灵、不能正常开机、死机等故障。在检测处理器电路时，主要检测供电电压、时钟信号、复位信号、I2C 总线信号、输入的数据信号、输出的数据信号等是否正常。

处理器电路故障的维修方法如下：

(1) 检测处理器电路芯片的供电电压是否正常，若不正常，则检查供电电路问题；

(2) 检测时钟信号是否正常，若不正常，则检查时钟电路故障；

(3) 检测处理器芯片的复位信号是否正常，若不正常，则检查复位电路问题；

(4) 检测处理器芯片输出的 I2C 总线信号是否正常；

(5) 若处理器芯片的供电电压正常，时钟信号正常，复位信号正常，存储器电路正常，则可能是处理器芯片虚焊或损坏，加焊或更换处理器芯片。

6.3.4　快速诊断并维修时钟电路故障

当时钟电路出现故障时，通常会造成智能手机无法开机、工作不稳定、死机等故障。造成时钟电路故障的主要原因有：晶振虚焊；晶振损坏；谐振电容虚焊；谐振电容损坏；时钟芯片旁边的限流电阻损坏；时钟电路中的振荡器损坏。

在实际的电路维修过程中，我们发现时钟电路中的晶振和谐振电容容易出现虚焊或损坏，特别是晶振，在受到较大的振动后，很容易损坏。因此，在检查时应重点检查晶振和谐振电容。时钟电路故障的维修方法如下：

(1) 观察晶振的焊点有无虚焊，若有虚焊，则将晶振重新焊接；

(2) 若晶振焊接正常，则测量电源控制芯片时钟信号引脚的波形；

(3) 若时钟信号不正常，则用万用表测量晶振两只引脚间的阻值；

(4) 若测量的阻值为无穷大，则晶振正常，接着测量谐振电容，否则说明晶振有问题，更换即可；

(5) 若晶振、谐振电容均正常，则可能是电源控制芯片中的振荡器损坏，更换电源控制芯片即可。

6.3.5　快速诊断复位电路故障

复位电路主要为处理器电路中的微处理器电路提供复位信号，复位信号是微处理器电路开始工作的必备条件之一，如果复位信号不正常，就会导致无法开机的故障。

当复位信号不正常时，若是有独立复位芯片的复位电路，则可以主要检测复位芯片、充电电容、电阻、供电电压等几个方面；若是由电源供电芯片提供的复位信号，则主要检测电源供电芯片。

复位电路故障的诊断方法：在按下开机键瞬间，用万用表检测处理器复位端的检测点，正常情况下，在开机瞬间应能检测到电平由低到高的跳变。若无复位信号，则重点检测复位电路。

6.3.6　快速诊断并维修存储器电路故障

存储器是处理器电路中非常重要的一个电路，主要用于存储开机调用程序、用户数据等。其出现故障后，会导致智能手机死机、无法正常开机、白屏等故障。

在检测存储器电路故障时，主要检测存储器的供电电压、I2C 总线信号，以及上拉电阻、外接电阻等元器件是否正常。

存储器电路故障的检测方法如下：

(1) 检测存储器芯片的供电电压是否正常，若不正常，则检测供电电路；

(2) 检测 I2C 总线信号是否正常，正常的波形幅度为 3 V 左右；

(3) 检测 I2C 总线中的上拉电 PM 是否损坏，上拉电阻连接的供电电压是否正常；

(4) 检测存储器芯片数据引脚外接电阻是否正常；

(5) 如果上述都正常，那么可能是存储器芯片虚焊或损坏，可以进行加焊或更换处理。

6.3.7　快速诊断并维修不开机故障

正常情况下，按下开机键时，开机键的触发端电压应有明显变化，若无变化，则一般是开机键接触不良或者开机线断线、元件虚焊、损坏。维修时，用外接电源供电，观察电流表的变化，若电流表无反应，则一般是开机线断线或开机键接触不良。

6.3.8　快速诊断系统时钟不正常故障

系统时钟是 CPU 正常工作的条件之一，智能手机的系统时钟一般采用 13 MHz，若 13 MHz 时钟不正常，则逻辑电路不工作，手机就不可能开机。

13 MHz 时钟信号应能达到一定的幅度并稳定。用示波器测 13 MHz、26 MHz 或 19.5 MHz 时钟输出端上的波形，若无波形，则检测 13 MHz 时钟振荡电路晶振两端的电压，若有正常电压，则为晶体或处理器损坏。

注意：用示波器在晶体上测量时可能会使晶体停振，此时，可在探头上串接一个几十皮法的电容。有条件时，最好使用代换法维修，以节约时间，提高效率。

6.4　显示触控类及照相类故障的诊断与维修

本 节 导 入

　　智能手机显示触控系统是用户与手机进行交互的最直接、最频繁的界面。它承载着显示图像、文本、视频等重要信息的功能，同时也为用户提供了触摸、滑动、点击等多种交互方式。随着使用时间的增长和外部环境的影响，智能手机的显示触控系统可能会出现各种故障。本节将深入探讨智能手机显示触控类故障的诊断与维修。

6.4.1　显示触控类故障的诊断流程

　　若智能手机出现显示异常或无显示、触控异常或无法触控故障，应重点检查显示屏电路、背光灯电路、触摸屏电路中的元件。

　　液晶显示屏电路故障的检修流程如图 6-5 所示。

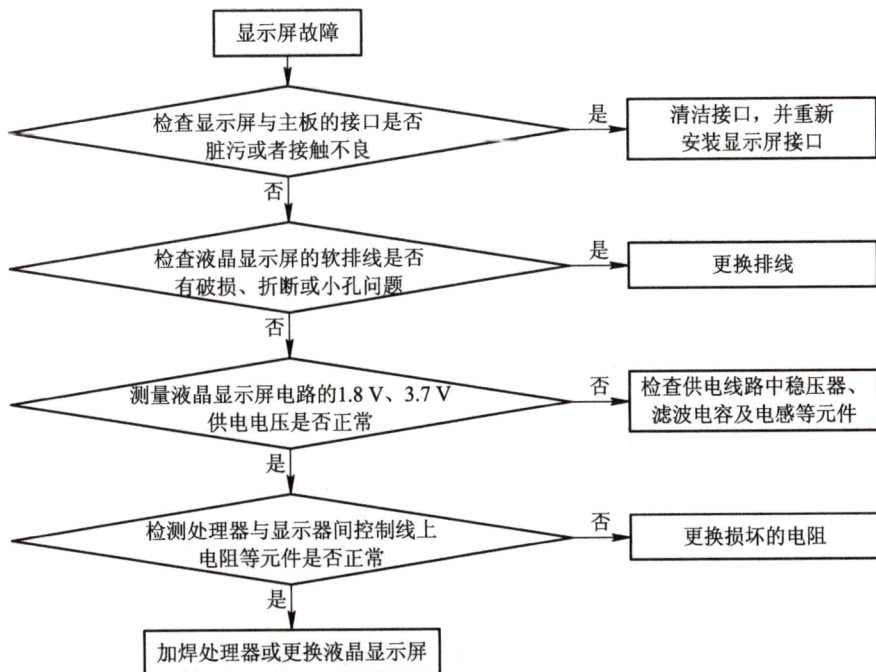

图 6-5　液晶显示屏电路故障的检修流程

触摸屏电路故障的检修流程如图 6-6 所示。

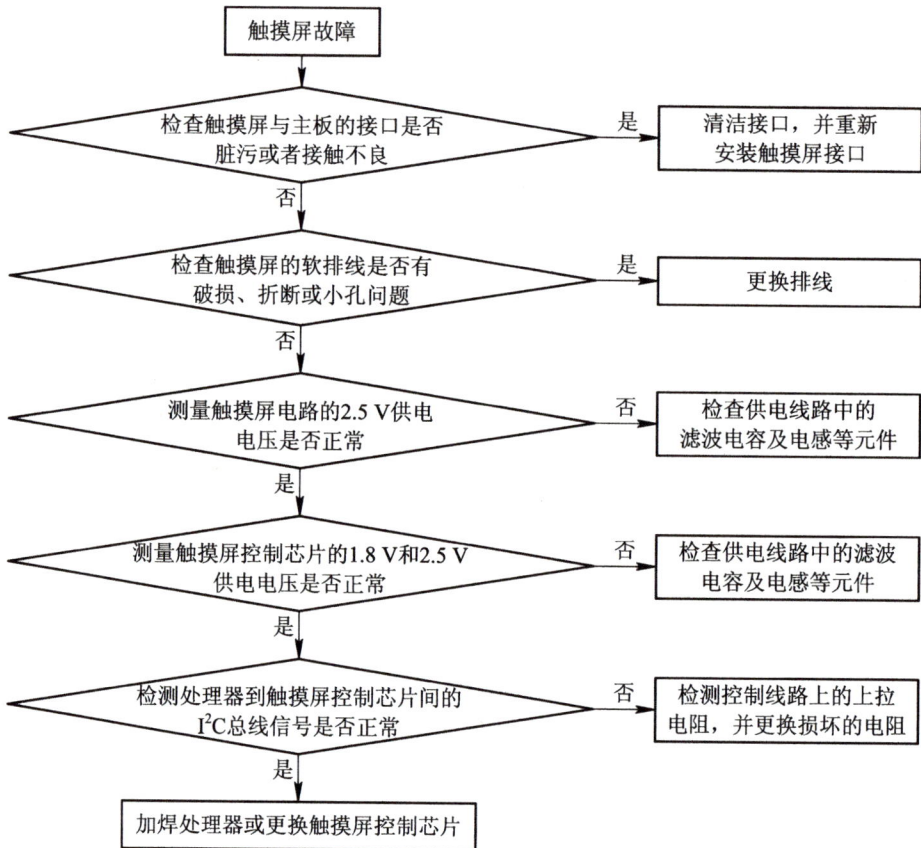

触摸屏故障

检查触摸屏与主板的接口是否
脏污或者接触不良 —— 是 → 清洁接口，并重新
安装触摸屏接口

否

检查触摸屏的软排线是否有
破损、折断或小孔问题 —— 是 → 更换排线

否

测量触摸屏电路的2.5 V供电
电压是否正常 —— 否 → 检查供电线路中的
滤波电容及电感等元件

是

测量触摸屏控制芯片的1.8 V和2.5 V
供电电压是否正常 —— 否 → 检查供电线路中的滤波
电容及电感等元件

是

检测处理器到触摸屏控制芯片间的
I^2C总线信号是否正常 —— 否 → 检测控制线路上的上拉
电阻，并更换损坏的电阻

是

加焊处理器或更换触摸屏控制芯片

图 6-6　触摸屏电路故障的检修流程

6.4.2　快速诊断并维修液晶显示屏电路故障

液晶显示屏电路故障维修方法如下：

(1) 检查显示屏与主电路板的接口是否脏污或接触不良，若连接不正常，则检查接口触点的引脚，并重新安装显示屏接口；

(2) 检查液晶显示屏的软排线是否有破损、折断或小孔等问题，若有，则更换排线；

(3) 测量液晶显示屏电路的 1.8 V、3.7 V 供电电压是否正常（一般直接测量供电线路中滤波电感和滤波电容端的电压即可），若供电电压不正常，则检查供电线路中的滤波电容及电感等是否虚焊或损坏；

(4) 检测处理器与显示器间控制线上的电阻等元件是否正常，若不正常，则更换即可；

(5) 若上述检测均正常，则可更换液晶显示屏，看故障是否排除，若故障依旧，可能是处理器有问题，则可以加焊处理器或更换处理器芯片。

6.4.3 快速诊断并维修触摸屏电路故障

触摸屏电路故障的诊断及维修方法如下：

(1) 检查触摸屏与主电路板的接口是否脏污或接触不良，若连接不正常，则检查接口是否完好，并重新安装触摸屏接口；

(2) 检查触摸屏的软排线是否有破损、折断或小孔等问题，若有，则更换排线；

(3) 测量触摸屏电路的 2.5 V 供电电压是否正常 (一般直接测量供电线路中滤波电感和滤波电容端的电压即可)，若供电电压不正常，则检查供电线路中滤波电容及电感等是否虚焊或损坏；

(4) 检测触摸屏控制芯片的 1.8 V 和 2.5 V 供电电压是否正常，若不正常，则检测供电电路中的滤波电容和滤波电感；

(5) 检测处理器到触摸屏控制芯片间的 I2C 总线信号是否正常，若 I2C 总线信号正常，则可能是触摸屏控制芯片虚焊或损坏，加焊或更换此芯片；

(6) 若 I2C 总线信号不正常，则检测信号线上的上拉电阻，若上拉电阻正常，则可能是处理器有问题，加焊或更换处理器芯片。

6.4.4 照相类故障的诊断流程

若智能手机出现无法照相或摄像、照相异常等故障，则应重点检查照相电路中元件。照相电路故障的检修流程如图 6-7 所示。

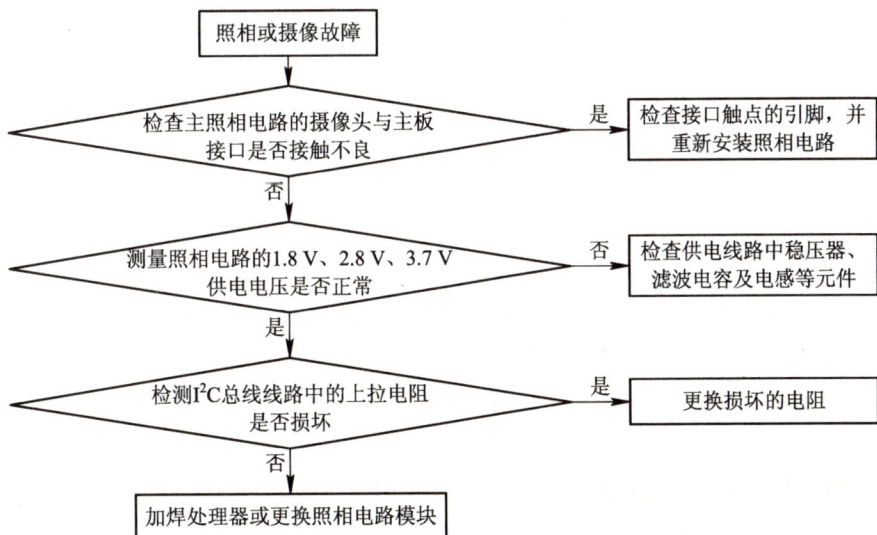

图 6-7 照相电路故障的检修流程

6.4.5 快速诊断并维修照相电路故障

照相电路故障的诊断及维修方法如下：

(1) 检查主照相电路的摄像头与主电路板的接口是否接触不良，若连接不正常，则检查接口触点的引脚，并重新安装照相电路；

(2) 若主照相电路的摄像头与主电路板的接口连接正常，则测量照相电路的 1.8 V、2.8 V、3.7 V 供电电压是否正常 (一般直接测量供电线路中滤波电感和滤波电容端的电压即可)，若供电电压不正常，则检查供电线路中的稳压器、滤波电容及电感等是否虚焊或损坏 (在稳压器无法判断虚焊的情况下，可以直接加焊)；

(3) 若照相电路的供电电压正常，则检测 I²C 总线线路中的上拉电阻是否损坏，若损坏，则更换即可；

(4) 若以上检查均正常，则考虑更换照相电路模块，及加焊处理器。

6.5　音频类故障的诊断与维修

本 节 导 入

　　智能手机的音频系统是用户日常使用中不可或缺的一部分，无论是接打电话、听音乐、看视频，还是使用各种语音助手功能，都离不开音频系统的支持。因使用环境、硬件老化、软件冲突等多种因素，智能手机的音频系统可能会出现各种故障，如声音失真、杂音、无声等问题。本书将深入探讨智能手机音频类故障的诊断与维修。

6.5.1　音频类故障的分析

若智能手机的语音处理电路出现故障，则会引起智能手机听筒无声音、对方听不到声音、扬声器声音异常、耳机声音异常、听筒无声而耳机有声等故障。

(1) 若智能手机在拨打电话时，听筒无声音，对方也不能听到声音，则应重点检查语音信号处理电路；

(2) 若智能手机收音正常，但对方听不到电话声音，则应重点检测话筒及话筒连接的元件、耳机接口、耳机信号放大器等部件；

(3) 若智能手机收音异常，但对方能听到电话声音，则应重点检查听筒、扬声器、耳麦接口、音频功率放大器、耳机信号放大器等部件。

6.5.2　音频类故障的诊断流程

音频类故障的诊断流程如图 6-8 ～图 6-12 所示。

```
                    ┌─────────────┐
                    │ 无铃声或免提无声 │
                    └──────┬──────┘
                           ▼
              ╱───────────────────────╲        是      ┌──────────────┐
             ╱   检查扬声器是否          ╲──────────────▶│ 维修扬声器触点 │
             ╲   接触不良或虚焊          ╱               └──────────────┘
              ╲───────────────────────╱
                       │否
                       ▼
              ╱───────────────────────╲        否      ┌──────────┐
             ╱   检查扬声器的阻抗        ╲──────────────▶│ 更换扬声器 │
             ╲   是否为8Ω               ╱               └──────────┘
              ╲───────────────────────╱
                       │是
                       ▼
              ╱───────────────────────────╲    是      ┌───────────────┐
             ╱ 检查扬声器电路中的滤波电感、滤波 ╲──────────▶│ 更换损坏的元器件 │
             ╲ 电容是否虚焊或损坏            ╱           └───────────────┘
              ╲───────────────────────────╱
                       │否
                       ▼
              ╱───────────────────────╲        否      ┌─────────────────────┐
             ╱ 检查音频功率放大器的供电   ╲──────────────▶│ 检查供电电路中的滤波电容、│
             ╲ 电压是否正常             ╱               │ 滤波电感等易损元件      │
              ╲───────────────────────╱               └─────────────────────┘
                       │是
                       ▼
              ╱───────────────────────╲        是      ┌──────────────┐
             ╱ 检查音频功率放大器及周边元件╲──────────────▶│ 更换损坏的元件 │
             ╲ 是否虚焊或损坏            ╱               └──────────────┘
              ╲───────────────────────╱
                       │否
                       ▼
              ╱───────────────────────────╲    否      ┌──────────────┐
             ╱ 检查语音处理器的供电电压、周边元件╲────────▶│ 更换损坏的元件 │
             ╲ 及其本身是否正常              ╱         └──────────────┘
              ╲───────────────────────────╱
                       │是
                       ▼
                ┌──────────────┐
                │ 加焊基带处理器芯片 │
                └──────────────┘
```

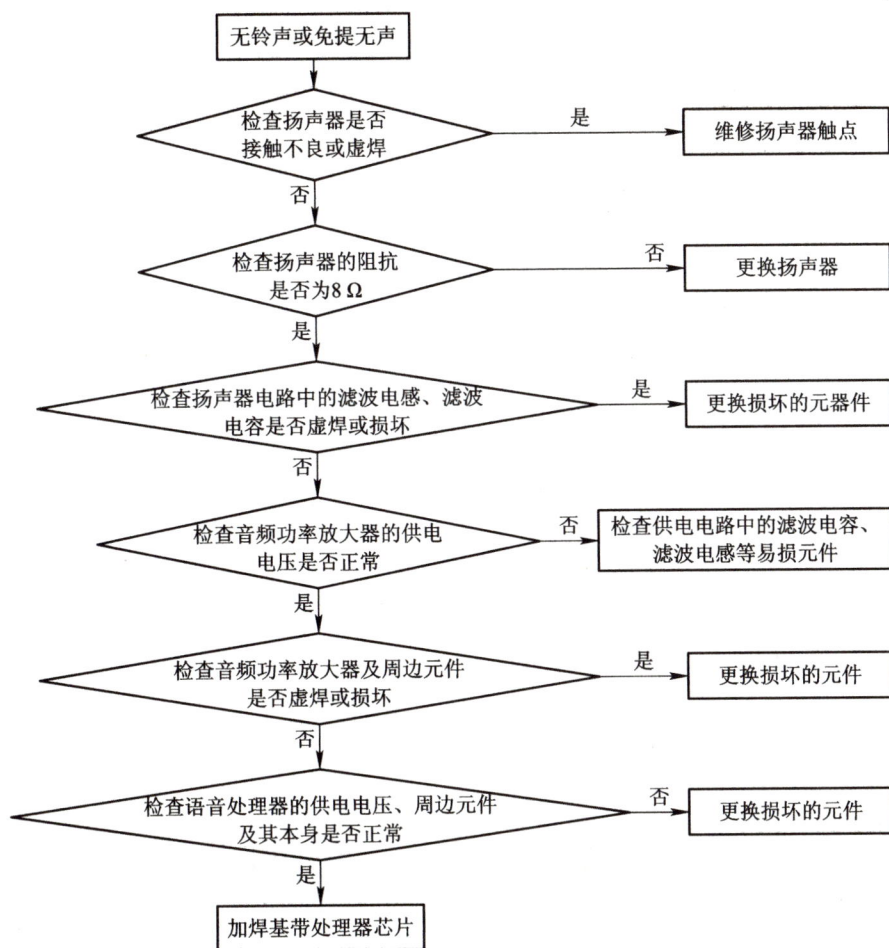

图 6-8　无铃声或免提无声故障的诊断流程

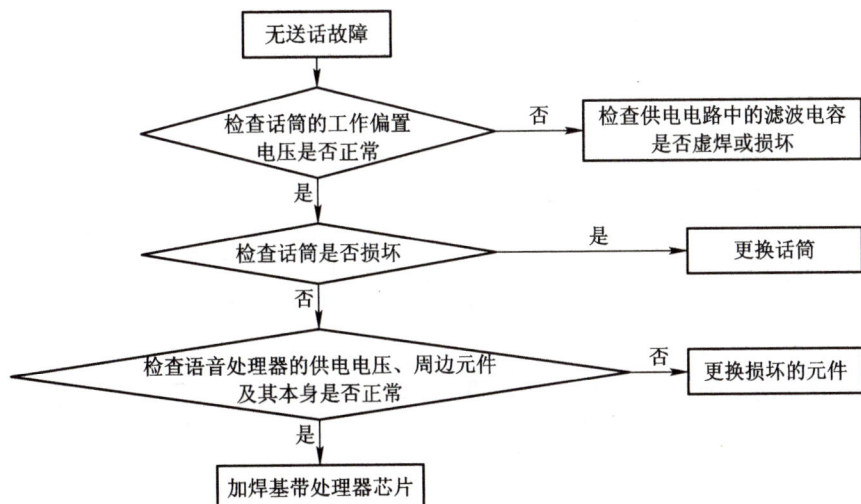

```
                    ┌─────────────┐
                    │  无送话故障  │
                    └──────┬──────┘
                           ▼
              ╱───────────────────────╲        否      ┌────────────────────┐
             ╱ 检查话筒的工作偏置        ╲──────────────▶│ 检查供电电路中的滤波电容│
             ╲ 电压是否正常             ╱               │ 是否虚焊或损坏        │
              ╲───────────────────────╱               └────────────────────┘
                       │是
                       ▼
              ╱───────────────────────╲        是      ┌──────────┐
             ╱   检查话筒是否损坏        ╲──────────────▶│ 更换话筒  │
             ╲                         ╱               └──────────┘
              ╲───────────────────────╱
                       │否
                       ▼
              ╱───────────────────────────╲    否      ┌──────────────┐
             ╱ 检查语音处理器的供电电压、周边元件╲────────▶│ 更换损坏的元件 │
             ╲ 及其本身是否正常              ╱         └──────────────┘
              ╲───────────────────────────╱
                       │是
                       ▼
                ┌──────────────┐
                │ 加焊基带处理器芯片 │
                └──────────────┘
```

图 6-9　无送话故障的诊断流程

无受话故障

↓

检查听筒是否接触不良或虚焊 ── 是 ──→ 加焊听筒触点或更换听筒

↓ 否

检查听筒的阻抗是否为32Ω ── 否 ──→ 更换听筒

↓ 是

检查听筒电路中的滤波电感、滤波电容是否虚焊或损坏 ── 是 ──→ 加焊或更换损坏的元器件

↓ 否

检查语音处理器的供电电压是否正常 ── 否 ──→ 检查供电电路中的滤波电容、滤波电感等易坏元件

↓ 是

检查语音处理器及周边元件是否虚焊或损坏 ── 是 ──→ 加焊或更换损坏的元件

↓ 否

更换语音处理器芯片

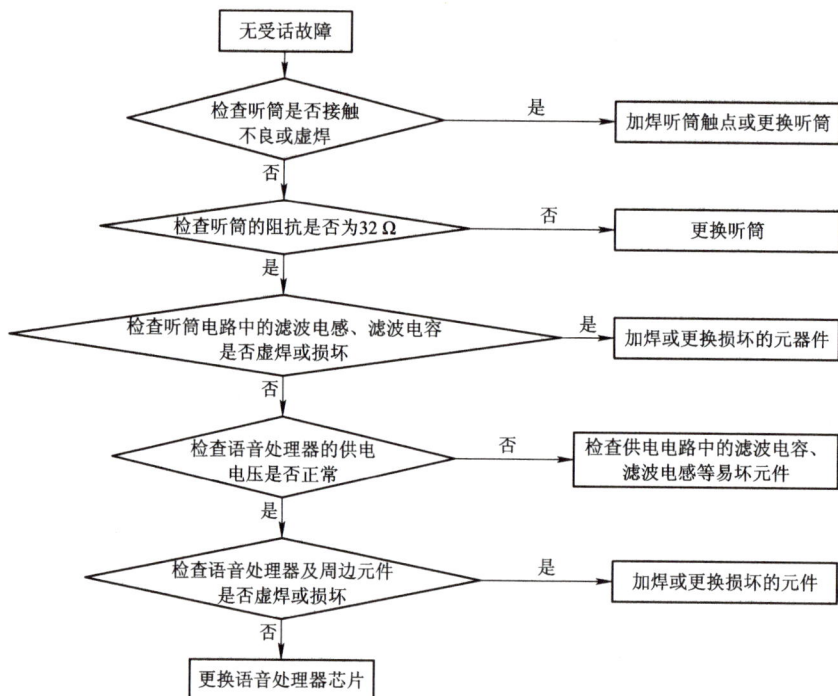

图 6-10   无受话故障的诊断流程

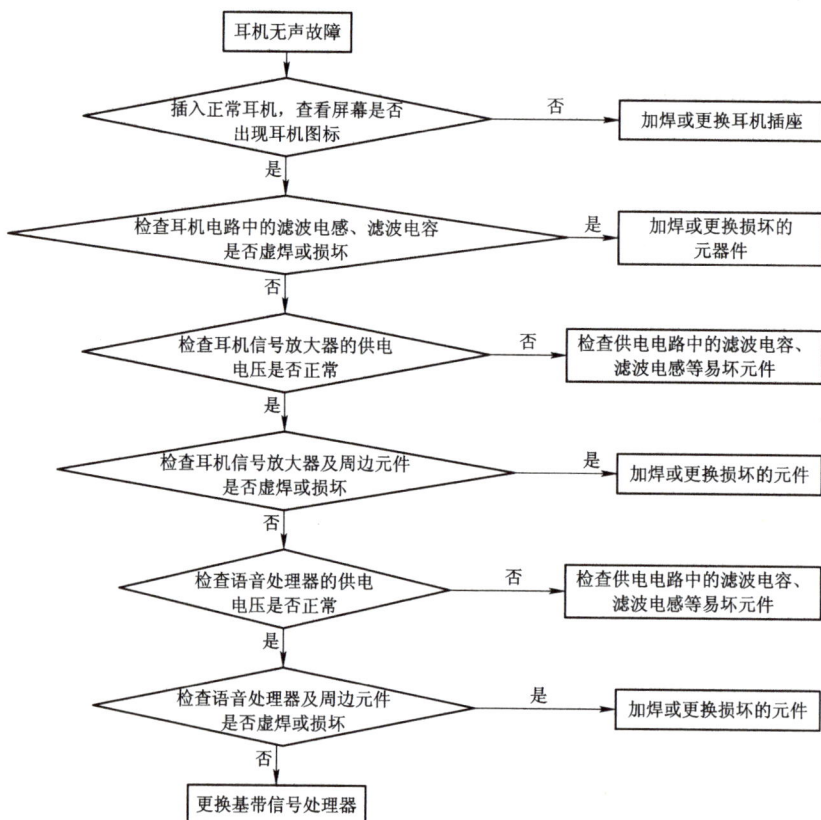

耳机无声故障

↓

插入正常耳机，查看屏幕是否出现耳机图标 ── 否 ──→ 加焊或更换耳机插座

↓ 是

检查耳机电路中的滤波电感、滤波电容是否虚焊或损坏 ── 是 ──→ 加焊或更换损坏的元器件

↓ 否

检查耳机信号放大器的供电电压是否正常 ── 否 ──→ 检查供电电路中的滤波电容、滤波电感等易坏元件

↓ 是

检查耳机信号放大器及周边元件是否虚焊或损坏 ── 是 ──→ 加焊或更换损坏的元件

↓ 否

检查语音处理器的供电电压是否正常 ── 否 ──→ 检查供电电路中的滤波电容、滤波电感等易坏元件

↓ 是

检查语音处理器及周边元件是否虚焊或损坏 ── 是 ──→ 加焊或更换损坏的元件

↓ 否

更换基带信号处理器

图 6-11   耳机无声故障的诊断流程

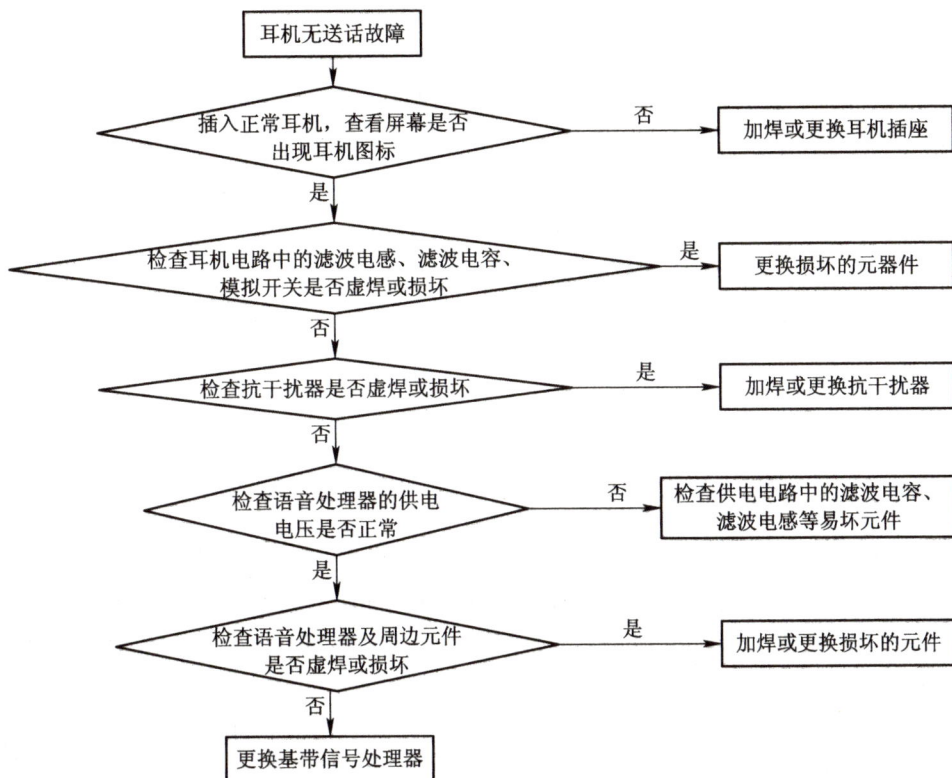

图 6-12　耳机无送话故障的诊断流程

6.5.3　快速诊断并维修听筒电路故障

根据维修经验，听筒电路故障多为听筒损坏或接触不良。另外，软件故障也可能造成手机无受话故障。若受话噪声大，则大多为听筒接触不良或受话电路虚焊或损坏。具体维修方法如下：

(1) 听筒电路故障主要是听不到对方声音，检修时，首先用示波器检测听筒触点的波形 (可拨打 "112" 测试)，若有峰峰值波形，则说明听筒接触不良或损坏；

(2) 听筒是否正常可以利用万用表进行简单的判断，听筒的阻值一般为 32 Ω 左右，若电阻明显变小或变大，则需更换听筒；

(3) 若电路板上的听筒触点没有波形，则进一步检查听筒电路中的滤波电感和滤波电容是否损坏，若损坏则更换即可；

(4) 如果这些元件正常，那么接着检查语音处理电路和基带处理器，若查到哪一级有输入信号而没有输出信号，则说明该级电路不良。

6.5.4　快速诊断并维修话筒电路故障

话筒电路故障主要是对方听不到机主的声音。引起该故障的原因很多，一般包括话筒损坏或接触不良、话筒无工作偏压、语音处理电路或基带处理器不正常。另外，软件故障也会造成送话不良。具体维修方法如下：

(1) 检查话筒是否正常，判断方法是，将数字式万用表的红表笔接在话筒的正极，黑表笔接在话筒的负极 (若用指针式万用表，则相反)，对着话筒说话，应可以看到万用表的读数发生变化或指针摆动。

(2) 若话筒正常，则检查通话时话筒是否有 1.8 V 左右的工作电压。若没有工作电压，则接着检测供电电路中的滤波电容，并更换损坏的元件。

(3) 若以上检查无问题，则大多为语音处理电路虚焊或不良。

需要说明的是，话筒有正负极之分，在维修时应注意，若极性接反，则话筒不能输出信号。

6.5.5　快速诊断并维修扬声器电路故障

扬声器电路的故障主要有播放 MP3 无声、免提无声、有杂音、声音沙哑等。引起该故障的原因很多，一般包括扬声器接触不良或损坏、音频功率放大器接触不良或工作供电不正常、滤波电容或滤波电感虚焊或损坏、语音处理电路或基带处理器不正常等。具体维修方法如下：

(1) 检查扬声器是否接触不良，是否正常。判断方法是，用万用表检测扬声器的两只引脚的阻值，若阻值很小或没有，则扬声器损坏 (正常应为 8 Ω 左右)。

(2) 若扬声器正常，则接着检测音频功率放大器的工作电压是否正常。若不正常，则检查供电电路中的滤波电容是否虚焊或损坏。

(3) 若工作电压正常，则用示波器检查音频功率放大器输出引脚的输出信号波形是否正常。若正常，则接着检查输出引脚与扬声器直接连接的滤波电感和电容。

(4) 若音频功率放大器输出端波形不正常，则检查输入端信号是否正常。若输入端信号波形正常，则加焊或更换音频功率放大器。

(5) 若音频功率放大器输入端信号不正常，则检查连接的耦合电容是否正常。若正常，则故障出在语音处理电路芯片上，检查其工作电压。若工作电压正常，则加焊或更换语音处理电路芯片。

另外，当基带处理器出现虚焊时，也会出现扬声器故障，所以对基带处理器也要进行检查。一般此类故障喇叭损坏、音频小功率放大器损坏较多。其中，音频小功率放大器损坏和虚焊的故障占 90% 以上。

6.5.6　快速诊断并维修耳机电路故障

耳机电路的故障主要有耳机听筒无声、耳机不送话、耳机无法接听等。引起该故障的原因很多，一般包括耳机损坏、耳机接口插座接触不良或损坏、耳机信号放大器接触不良或工作供电不正常、滤波电容或滤波电感虚焊或损坏、语音处

理电路或基带处理器不正常等。具体维修方法如下:

(1) 检查耳机接口插座是否接触不良,是否正常。判断方法是,用万用表检测耳机接口各引脚对地的阻值。在插入耳机的情况下,1 脚的对地阻值为 93 Ω,2 脚和 3 脚为 36 Ω,4 脚和 5 脚间的阻值为 0。在未插入耳机的情况下,1 脚、2 脚和 3 脚的对地阻值为无穷大,4 脚和 5 脚间的阻值为无穷大。

(2) 若耳机接口正常,则接着检测耳机信号放大器的工作电压是否正常。若不正常,则检查供电电路中的滤波电容是否虚焊或损坏。

(3) 若工作电压正常,则用示波器检查耳机信号放大器输出引脚的输出信号波形是否正常。若正常,则接着检查输出引脚与耳机接口间连接的滤波电感和电容。

(4) 若耳机信号放大器输出端信号波形不正常,则检查输入端信号波形是否正常。若输入端信号波形正常,则接着检查 I2C 总线引脚的信号是否正常。若不正常,则检查基带处理器是否虚焊。

(5) 若耳机信号放大器输入端信号波形不正常,则检查连接的耦合电容是否正常。若正常,则故障出在语音处理电路芯片上,检查其工作电压。

6.6 接口类故障的诊断与维修

本节导入

智能手机接口作为连接手机与外部设备的重要桥梁,其稳定性和可靠性对于保障手机功能的完整性和提升用户体验至关重要。然而,由于使用环境、插拔次数、接口设计等多种因素,智能手机的接口可能会出现各种故障,如充电故障、数据传输异常、音视频输入输出问题等。本节将深入探讨智能手机接口类故障的诊断与维修。

6.6.1 USB 接口与 SIM 卡电路故障的诊断流程

若智能手机出现无法充电及无法连接电脑故障,则应重点检查 USB 接口电路中的相关元件。若智能手机出现无法识别 SIM 卡故障,则应重点检测 SIM 卡电路中的元件。

USB 接口电路故障的诊断流程如图 6-13 所示,而 SIM 卡电路故障的诊断流程如图 6-14 所示。

```
┌─────────────┐
│  USB接口异常  │
└─────────────┘
        │
        ▼
   ╱───────────────────────╲        是      ┌──────────────────────┐
  ╱ 检查USB接口是否接触不良 ╲ ─────────────→│ 重新加焊或更换USB接口 │
   ╲───────────────────────╱               └──────────────────────┘
        │ 否
        ▼
   ╱──────────────────────────╲     是      ┌──────────────────────┐
  ╱ 检查USB接口5脚ID信号线上的电感等╲─────────→│ 加焊或更换损坏的元件 │
  ╲    元件是否损坏             ╱            └──────────────────────┘
   ╲──────────────────────────╱
        │ 否
        ▼
   ╱──────────────────────────╲     是      ┌──────────────────────┐
  ╱ 检测USB接口1脚(供电脚)连线上的保险╲───────→│ 加焊或更换损坏的元件 │
  ╲   电阻、电容等是否损坏        ╱           └──────────────────────┘
   ╲──────────────────────────╱
        │ 否
        ▼
   ╱──────────────────────────╲     是      ┌──────────────────────┐
  ╱ 检查USB接口2、3脚连接的滤波电感或╲───────→│   更换损坏的元件     │
  ╲   滤波电容是否损坏          ╱            └──────────────────────┘
   ╲──────────────────────────╱
        │ 否
        ▼
   ╱──────────────────────────╲     否      ┌──────────────────────┐
  ╱ 检查USB接口控制芯片的输出端 ╲───────────→│ 检查供电电压及加焊    │
  ╲    信号是否正常            ╱            │   USB控制芯片        │
   ╲──────────────────────────╱            └──────────────────────┘
        │ 是
        ▼
┌──────────────────────────┐
│ 检查USB接口控制芯片与处理器 │
│  间连线上的元器件及处理器   │
└──────────────────────────┘
```

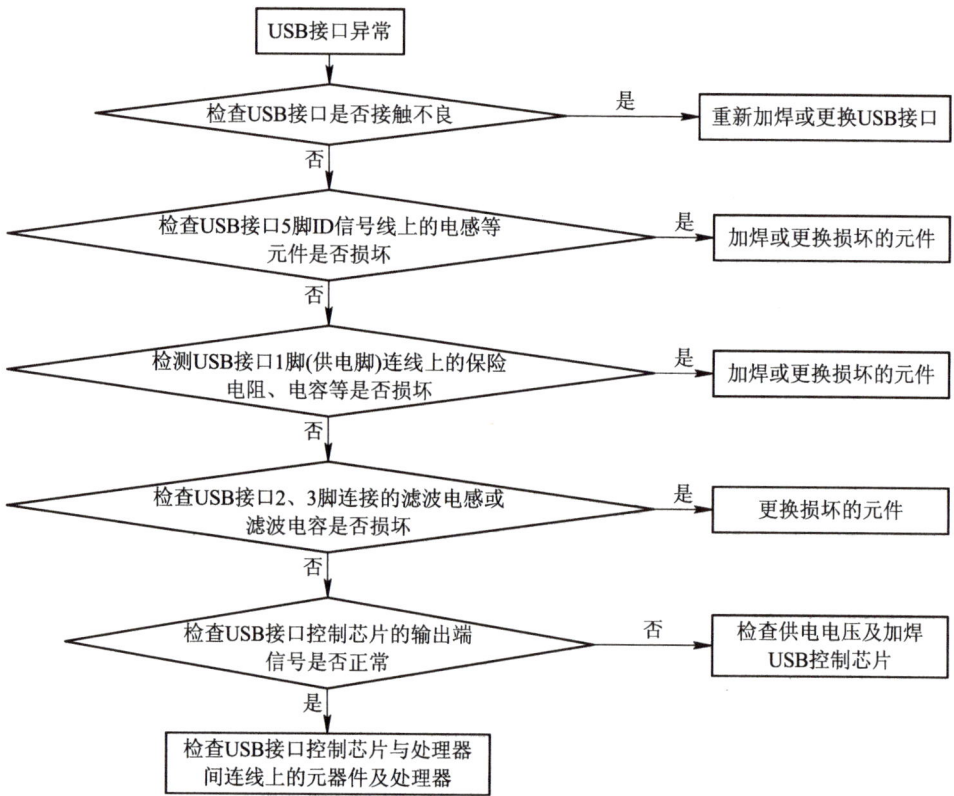

图 6-13　USB 接口电路故障的诊断流程

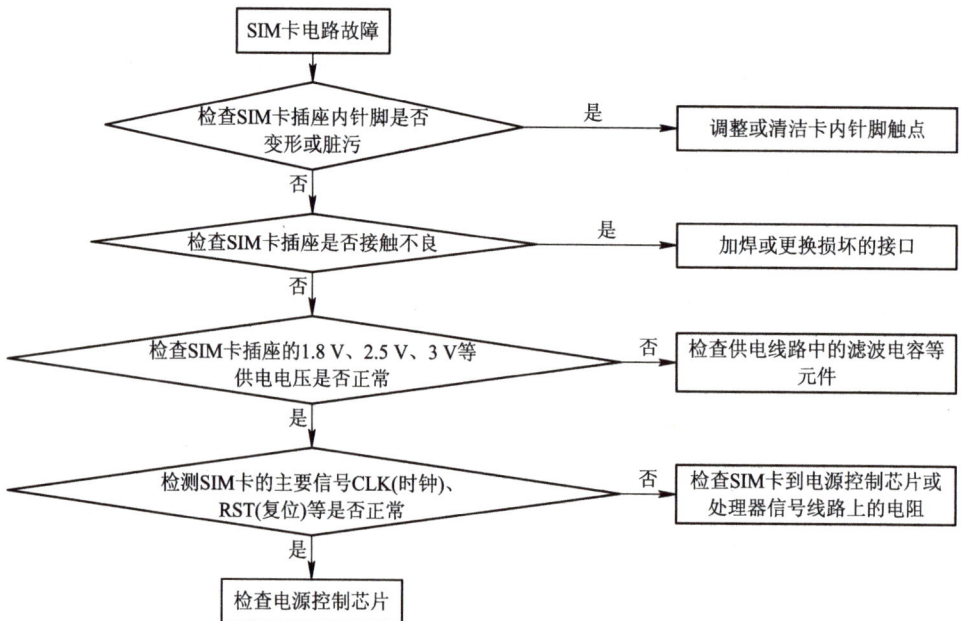

```
┌─────────────┐
│  SIM卡电路故障 │
└─────────────┘
        │
        ▼
   ╱───────────────────────╲        是      ┌──────────────────────┐
  ╱ 检查SIM卡插座内针脚是否  ╲ ─────────────→│ 调整或清洁卡内针脚触点 │
  ╲    变形或脏污            ╱               └──────────────────────┘
   ╲───────────────────────╱
        │ 否
        ▼
   ╱───────────────────────╲        是      ┌──────────────────────┐
  ╱ 检查SIM卡插座是否接触不良 ╲────────────→│ 加焊或更换损坏的接口 │
   ╲───────────────────────╱               └──────────────────────┘
        │ 否
        ▼
   ╱──────────────────────────╲     否      ┌──────────────────────┐
  ╱ 检查SIM卡插座的1.8 V、2.5 V、3 V等╲─────→│ 检查供电线路中的滤波电容等│
  ╲   供电电压是否正常         ╱            │        元件          │
   ╲──────────────────────────╱            └──────────────────────┘
        │ 是
        ▼
   ╱──────────────────────────╲     否      ┌──────────────────────┐
  ╱ 检测SIM卡的主要信号CLK(时钟)、╲────────→│ 检查SIM卡到电源控制芯片或│
  ╲   RST(复位)等是否正常      ╱            │ 处理器信号线路上的电阻  │
   ╲──────────────────────────╱            └──────────────────────┘
        │ 是
        ▼
┌──────────────────┐
│   检查电源控制芯片 │
└──────────────────┘
```

图 6-14　SIM 卡电路故障的诊断流程

6.6.2 快速诊断并维修 USB 接口电路故障

USB 接口电路故障的诊断及维修方法如下：

(1) 检查 USB 接口是否接触不良，若接口出现松动或焊点出现虚焊，则重新加焊 USB 接口。

(2) 检测 USB 接口第 5 脚到电源控制芯片的 ID 信号线路上的电感等元件是否损坏 (损坏将导致手机无法连接电脑)，若损坏，则加焊或更换即可。

(3) 检测 USB 接口第 1 脚 (供电脚) 连线上的保险电阻、滤波电容等元件是否虚焊或损坏，若有虚焊或损坏，则加焊或更换即可。

(4) 检测 USB 接口第 2、3 引脚连接的滤波电感或滤波器是否损坏，若接触不良或损坏，则更换即可。

(5) 检测 USB 接口控制芯片的输入信号和输出信号，若输入信号正常，输出不正常，则先检查此控制芯片的供电电压是否正常。若供电电压不正常，则检测供电线路中的滤波电容。

(6) 若供电电压正常，则可能是 USB 控制芯片虚焊或损坏，加焊或更换此芯片。

(7) 若 USB 控制芯片的输入信号正常，输出信号也正常，则检查 USB 接口控制芯片与处理器间连线上的元件是否损坏，若有损坏，则更换即可。若没有损坏，则可能是处理器芯片出现问题，加焊或更换处理器芯片。

6.6.3 快速诊断并维修 SIM 卡电路故障

SIM 卡电路故障的诊断及维修方法如下：

(1) 检查 SIM 卡插座是否接触不良，SIM 卡插座内的弹簧触点是否变形，是否脏污。若插座接触不良，重新焊接插座。若弹簧触点变形或脏污，调整弹簧触点或用棉签清洁触点。

(2) 检测 SIM 卡插座的 1.8 V、2.5 V、3 V 等供电电压是否正常，若不正常，检查供电线路中的滤波电容等元件。

(3) 若供电电压不正常，但线路中的滤波电容等元件正常，则可能是电源控制芯片有问题，加焊或更换电源控制芯片。

(4) 在开机瞬间测量 SIM 卡的主要信号 CLK(时钟)、RST(复位) 等，若不正常，则检查 SIM 卡到电源控制芯片或处理器信号线路上的电阻是否虚焊。若虚焊，则更换即可。

本章小结

(1) 射频信号类故障主要包括不入网故障、信号不稳定故障、手机无场强信号指示故障、手机发射弱电故障、发射掉信号故障、发射时关机故障。

(2) 供电类故障包括无法开机、无法充电。

(3) 逻辑类故障主要分为无法开机、按键失灵。

(4) 显示、触控类故障主要包括显示异常、无显示、触控异常、无法触控。

(5) 音频类故障主要包括听筒无声音、对方听不到声音、扬声器声音异常、耳机声音异常、听筒无声而耳机有声等。

(6) 接口类故障主要包括充电故障、数据传输异常、音视频输入输出问题等。

本章考核评价

本章考核评价表如表 6-1 所示，包括基本素养 (30 分)、理论知识 (30 分)、实践操作 (40 分) 三个部分。

表 6-1　本章考核评价表

序号	评 估 内 容	自评	互评	师评
基本素养 (30 分)				
1	纪律 (无迟到、早退、旷课)(15 分)			
2	课堂表现能力、沟通能力 (15 分)			
理论知识 (30 分)				
1	掌握射频电路的工作原理 (5 分)			
2	掌握供电电路的工作原理 (5 分)			
3	掌握逻辑电路的工作原理 (5 分)			
4	掌握显示触控及照相电路的工作原理 (5 分)			
5	掌握音频电路的工作原理 (5 分)			
6	掌握 USB、SIM 卡接口电路的工作原理 (5 分)			
实践操作 (40 分)				
1	对射频信号类故障进行诊断与维修 (8 分)			
2	对供电类故障进行诊断与维修 (8 分)			
3	对逻辑类故障进行诊断与维修 (6 分)			
4	对显示触控类及照相类故障进行诊断与维修 (6 分)			
5	对音频类故障进行诊断与维修 (6 分)			
6	对接口类故障进行诊断与维修 (6 分)			

本章习题

简答题

1. 简述智能手机射频电路故障的基本诊断流程。

2. 简述智能手机无信号及信号弱故障的诊断及维修方法。

3. 简述智能手机发射关机故障的诊断及维修方法。

4. 简述造成时钟电路故障的主要原因。

5. 简述液晶显示屏电路故障的维修方法。

6. 简述触摸屏电路故障的诊断及维修方法。

7. 简述照相电路故障的诊断及维修方法。

8. 简述 USB 接口电路故障的诊断及维修方法。

9. 简述 SIM 卡电路故障的诊断及维修方法。

第 7 章 / 智能手机常见维修设备的使用

本章描述

　　由于各种原因(如使用不当、硬件老化等)智能手机在使用过程中难免会出现各种问题，如屏幕破碎、电池故障、充电问题等。这些问题不仅影响了手机的正常使用，还可能对用户的生活造成不便。在智能手机维修过程中，维修设备的使用至关重要。常见的智能手机维修设备包括热风拆焊台、恒温电焊台、万用表等。这些设备在维修过程中发挥着各自独特的作用，如热风拆焊台用于拆焊小型贴片元件和贴片集成电路，恒温电焊台用于零件的焊接等。拆屏设备是专为手机屏幕维修而设计的专业工具，它们能够帮助维修人员快速、准确地完成拆屏工作。这些设备通常具备多种功能，如屏幕加热、吸盘吸附、钢丝分离等，以满足不同型号、不同材质手机屏幕的拆卸需求。在使用这些维修设备时，维修人员需要掌握一定的操作技巧和安全知识。例如，在使用热风拆焊台时，要注意控制温度和时间，避免对手机造成不必要的损坏；在使用恒温电焊台时，要注意保持焊点的质量和美观等。

本章目标

(1) 掌握二合一拆焊台的结构及使用方法；

(2) 掌握直流稳压恒流开关电源的结构及使用方法；

(3) 掌握曲屏切割机的结构及使用方法；

(4) 掌握多功能旋转分离机的结构及使用方法；

(5) 掌握全智能贴合除泡一体机的结构及使用方法；

(6) 掌握移动终端电源供电原理和开机维持供电过程及应用；

(7) 培养学生的实践能力和创新精神，提高他们的职业素养和综合能力。

本章重点

(1) 二合一拆焊台的结构及使用方法；

(2) 曲屏切割机的结构及使用方法；

(3) 多功能旋转分离机的结构及使用方法；

(4) 全智能贴合除泡一体机的结构及使用方法。

7.1　德力西8589D二合一拆焊台

本节导入

　　手机二合一拆焊台集成了热风枪、烙铁两种功能于一体，一站式解决拆焊、焊接等多种操作，大大提高了维修效率。同时，该设备还具备多种智能化功能，如温度控制、风速调节、自动休眠等，确保了维修过程的安全性和稳定性。在引入手机二合一拆焊台设备之前，维修人员往往需要使用多种工具来完成拆焊、焊接等操作，这不仅增加了维修的复杂度和时间成本，还容易因为操作不当而导致设备损坏或人员受伤。而手机二合一拆焊台设备的出现，彻底改变了这一现状，使得维修工作变得更加简单、高效和安全。此外，手机二合一拆焊台设备还具有广泛的适用性。它不仅可以用于智能手机的维修，还可以应用于平板电脑、笔记本电脑等电子设备的维修。

1. 操作面板

德力西 8589D 操作设备面板如图 7-1 所示。

2. 功能特点

德力西 8589D 操作设备的功能特点如下：

(1) 风枪具有角度开关控制功能，手柄放置于手柄架上立即自动降温进入休眠。

(2) 烙铁带有自动休眠功能，30 分钟未使用即停止加热，进入休息状态，节能环保。

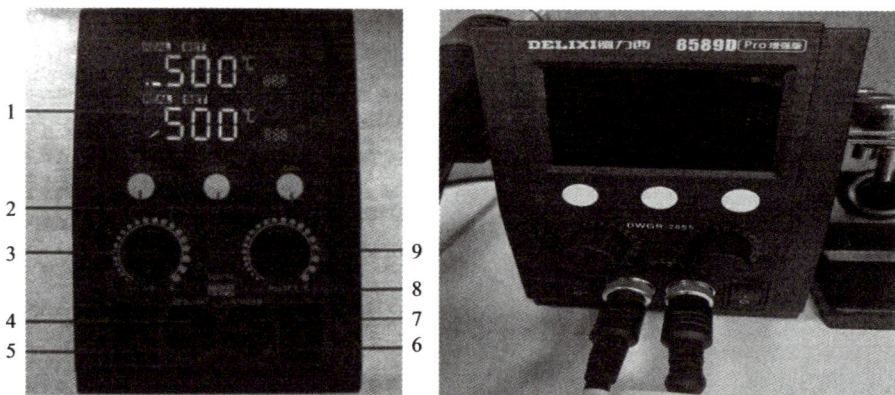

1—LCD显示屏；2—预设按键CH1/CH2/CH3；3—风量调节编码器；4—风枪手柄接口；5—风枪开关；
6—烙铁开关；7—烙铁手柄接口；8—USB输出接口5 V/1 A；9—温度设置编码器。

图 7-1 德力西 8589D 操作设备面板

(3) 系统设有自动大风量冷却功能，有效延长发热芯以及手柄筒的寿命。

(4) 具有独立的冷风功能，可应对特殊使用场景。

(5) 三个烙铁温度快捷键和三组风枪温度与风量组合快捷键，可独立设置保存，方便使用。

(6) 具有摄氏／华氏温度显示功能，满足不同地区市场需要，用户可根据习惯自己设置。

3. 操作说明

节能提示：德力西 8589D 操作设备含焊台、热风枪两种功能，当其中某个功能不使用时，关闭该功能开关。若所有功能关闭，则显示窗会出现"OFF"闪烁，提示请关闭电源总开关（机身后）；若闪烁 10 分钟后，用户仍未关闭电源总开关，则自动关闭显示。

1) 使用须知

德力西 8589D 操作设备的使用须知如下：

(1) 打开电源时，风枪手柄必须放置在手柄架上。

(2) 保持进风口与出风口通畅，不能有阻塞物。

(3) 工作完毕后，必须把手柄放置在手柄托架上，让机器自动冷却至窗口显示"－－－"（停止送风）后，才能关闭电源开关。

(4) 当使用机器标配以外更小的喷嘴时，必须将风量调为最大，使用较低的温度，并在短时间内使用，避免长时间使用损坏风枪。

(5) 根据工作需要选用合适的风嘴，不同的风嘴，温度可能略有差别，出风口与物件之间的距离最少 2 mm。

(6) 禁止长时间在低气流高温度的状态下使用风枪，此举将会严重损毁手柄塑料组件并大幅降低发热体的使用寿命。

(7) 当初次使用电烙铁时，要注意检查烙铁的升温情况，待其温度刚刚能熔化锡丝时，在烙铁嘴上镀一层锡，再将温度调到所需温度。

(8) 烙铁头温度不宜过高，温度过高会减弱烙铁头功能，间隔不使用时，可将温度调低。

(9) 应定期使用清洁海绵清理烙铁头，使用后应抹净烙铁头，镀上新锡层以防烙铁头氧化。

2) 操作流程

(1) 风枪部分的操作流程如下：

① 将焊台摆放好，手柄搁置在手柄架上。

② 连接电源，装置所需喷嘴(尽量使用大口径喷嘴，若在使用过程中需要更换喷嘴，则务必待物件温度冷却至对人体安全时才可装置)。

③ 打开机身后面的总电源开关，并打开风枪功能开关，风枪窗口显示"－－－"，此时拆焊台为待机状态。

④ 设置所需的温度和风量，拿起手柄(风口朝下)，拆焊台开始加热工作。在加热过程中显示屏上的风枪加热图标常亮，当风枪加热图标有规律闪动时，表示进入恒温状态，可以开始工作。

⑤ 工作完毕后，必须把手柄放置在手柄架上。此时，拆焊台自动切断加热电流并自动调整风量为最高，进入冷风冷却发热体模式，当温度低于100℃时，拆焊台显示"－－－"，表示机器即将进入待机状态。

(2) 烙铁部分的操作流程如下：

① 将烙铁手柄连接后，将手柄放在烙铁架上。

② 打开烙铁功能开关，根据需要设置工作温度，在加热过程中，显示屏上的烙铁加热图标常亮，当烙铁加热图标有规律闪动时，表示进入恒温状态，可以开始工作。

3) 温度与风量的调节

温度调节(二合一拆焊台)：按压一下温度设置编码器，即可进入风枪与烙铁的温度设置状态，设置顺序为风枪—烙铁—退出(当某功能开关未打开时，此功能不可设置，按温度设置编码器会跳过此项功能)，显示屏中选中项的数值会闪烁，此时旋转编码器即可修改数值，逆时针为降低，顺时针为增加，分辨率为1。

风量调节：旋转风量编码器即可调节风量的大小，逆时针为降低，顺时针为加大，分辨率为1。

4) 常用温度、风量的存储与调出

为了方便用户使用，德力西8589D操作设备允许用户设定三个常用的烙铁温度和三个风枪温度与风量组合，可分别存储于"CH1、CH2、CH3"三个快捷键中。

存储：调整所需存储的温度，设置风枪的风量值，长按任意按键，当窗口显示此按键的字符时松开，此时当前值就已成功存储于此按键中。

例如将风枪温度值300、风量值80存储于"CH2"中，具体操作如下：按压一下温度设置编码器，此时显示屏风枪部分数值闪烁，旋转温度设置编码器将温度数值调为300，旋转风量编码器将风量值调至80，按住"CH2"键，当窗口显示"CH2 SUC"时松开。此时，当前设置值已成功存储于"CH2"中。

注意：每一按键只能保存一个烙铁温度值和一组风枪温度与风量值组合，每次保存都会自动覆盖原来保存的值。每一按键中保存的烙铁温度值与风枪温度值可以相同也可以不同，两者互不干扰。

调出：在风枪或烙铁的设置状态下，可以按相应按键，调出对应按键中保存的值，可旋转编码器修改此值，也可按一下温度设置编码器，确认直接使用此调出值。

例如，当前烙铁的设置温度为200，"CH2"中保存的烙铁温度值为350，预设温度360，按压一下温度设置编码器，显示屏风枪显示部分数值闪烁，再按一下温度设置编码器，显示屏烙铁部分数值(200)闪烁。此时，按一下"CH2"键，数值即改为350，再顺时针旋转温度设置编码器将数值调至360，再按一下温度设置编码器确认并退出，即成功将烙铁温度值设置为360。此操作大大节省了参数调整的时间。

5) 华氏/摄氏切换

长按温度设置编码器，当窗口显示"C"或"F"时松开，即可进行华氏/摄氏切换。

7.2 DH型直流稳压恒流开关电源

本 节 导 入

直流稳压恒流开关电源设备作为一种先进的电源供应设备，在手机维修中具有独特的应用价值。它不仅能够提供稳定、可靠的直流电源，还具有恒流输出功能，能够确保在手机维修过程中为手机内部电路和元器件提供精确的电流供应，同时可避免电流过大导致元器件损坏。直流稳压恒流开关电源设备还具有高效、节能的特点。其采用先进的开关电源技术，能够将电能高效地转化为手机维修所需的直流电源，减少了能源的浪费。同时，其稳定的输出电压和恒定的输出电流，确保了手机维修过程中的安全性和稳定性。

1. 前面板图

DH型直流稳压恒流开关电源前面板如图7-2所示。

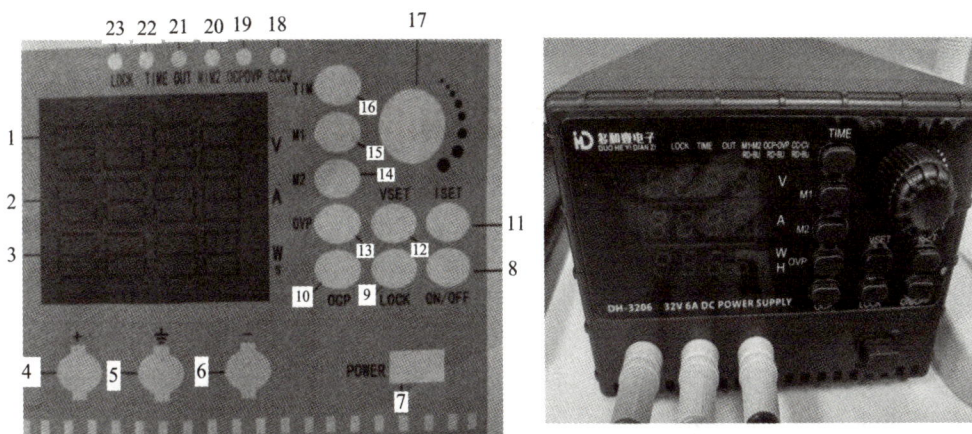

1—电压LED数码显示；2—电流LED数码显示；3—功率/时间设置LED数码显示；4—输出正；5—接地；
6—输出负；7—电源总开关；8—电源输出开关键；9—按键锁定键；10—过流保护设定键；11—电流设定键；
12—电压设定键；13—过压保护设定键；14—电压电流设定存储2；15—电压电流设定存储1；16—倒计时按键；
17—旋钮(调节设定电压/电流/时间)；18—CV蓝色稳压灯/CC红色稳流灯；
19—OVP蓝色过压保护灯/OCP红色过流保护灯；20—M1红色存储灯/M2蓝色存储灯；21—OUT输出指示灯；
22—TIME时间设置指示灯；23—按键锁功能/手机连接指示灯。

图 7-2 DH 型直流稳压恒流开关电源前面板

2. 前面板操作功能说明

TIME：倒计时按键。按一次，通过旋钮设定时间；按两次，TIME 指示灯亮起，启动倒计时功能。按下 ON，电源打开，倒计时开始；计时结束，输出关闭。

M1：电压电流设定存储1。设定电压和电流值，长按 M1 键 3 秒，存储所设定的电压电流值，同时 M1 对应指示灯亮。按下 M1 键 M1 灯 (红) 亮，使用 M1 电压电流设定值。

M2：电压电流设定存储2。设定电压和电流值，长按 M2 键 3 秒，存储所设定的电压电流值，同时 M2 对应指示灯亮。按下 M2 键 M2 灯 (蓝) 亮，使用 M2 电压电流设定值。

OVP：过压保护设定键。按下 OVP 键，设定 OVP 保护值。连续按两次 OVP 键，启用 OVP 保护功能，同时 OVP 启用灯亮 (蓝灯)。

OCP：过流保护设定键。按下 OCP 键，设定 OCP 保护值。连续按两次 OCP 键，启用 OCP 保护功能，同时 OCP 启用灯亮 (红灯)。

注意：OVP、OCP 同时启用为紫色灯。

LOCK：按键锁定键。按下 LOCK 键，按键被锁定，LOCK 灯亮。

VSET：电压设定键。按下 VSET 键，通过旋钮设定电压值。

ISET：电流设定键。按下 ISET 键，通过旋钮设定电流值。

ON/OFF：电源输出开关键。

7.3　YD770曲屏切割机

本 节 导 入

　　手机曲面屏幕的复杂结构和精密制造要求，使得其切割加工成为一个技术难题。曲屏切割机设备作为解决这一难题的关键工具，应运而生。曲屏切割机，顾名思义，是专门用于切割曲面屏幕的专业设备，它通过高精度的切割工艺，实现对曲面屏幕的精准切割。在曲面屏幕制造过程中，曲屏切割机设备发挥着至关重要的作用。它不仅能够保证切割的精度和效率，适用于各种尺寸的曲面屏幕切割，还能够适应不同材质和厚度的曲面屏幕切割需求。

1. 曲屏切割机外观

YD770 曲屏切割机外观如图 7-3 所示。

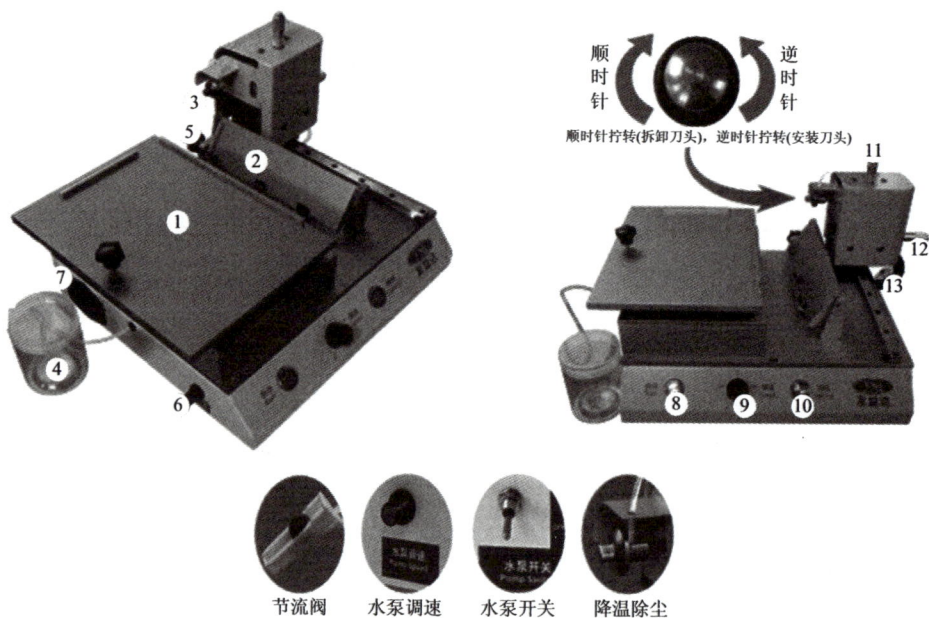

顺时针　逆时针

顺时针拧转(拆卸刀头)，逆时针拧转(安装刀头)

节流阀　水泵调速　水泵开关　降温除尘

1—平面工作台；2—斜面工作台；3—限位切割刀头；4—酒精瓶；5—角度调节旋钮；6—水泵调速；
7—电源开关接口；8—启动开关；9—无极调速；10—照明开关；11—上下调节千分尺；
12—左右调节千分尺；13—节流阀。

图 7-3　YD770 曲屏切割机外观

2. 操作说明

YD770 曲屏切割机操作说明如下：

(1) YD770 曲屏切割机支持 0 ～ 8 千转无级调速，自带 LED 照明，配有限位切割头，带有酒精液冷降温除尘装置。

(2) 工作台分为平面切割台和斜面切割台 (平面切割台可左右平移，斜面切割台可自由调整倾斜角度)。

(3) 使用说明：打开电源，通电开机，将曲面屏幕放置在平面工作台或斜面工作台上，斜面工作台可调节切割角度，打开水泵开关，通过水泵调速器和节流阀，调整合适水流速度，对好切割位置，按启动开关，旋转调速旋钮 (一般调速在 2 至 3 挡之间使用)，如果光线不好，可以按下照明开关，开启照明。

(4) 关于刀头：YD770 曲屏切割机搭配有两个刀头 (一个带限位的和一个不带限位的)，限位刀头切割深度与盖板厚度相同，轴径为 5 mm。

(5) 调节千分尺：上下千分尺调节切割深度，左右千分尺调节切割位置。

(6) 使用范围：适用所有曲屏、直屏手机及平板 iPad。

7.4　936多功能旋转分离机

本节导入

手机多功能旋转分离机是一种集旋转、分离、定位、夹持等多功能于一体的专业设备。它采用先进的机械设计和精密的控制系统，能够实现对手机机壳的精确旋转和分离操作。手机多功能旋转分离机的优势在于高度的灵活性和适应性。该设备可以根据不同手机型号和组件尺寸进行调整，以满足不同维修和组装需求。

1. 多功能旋转分离机外观

936 多功能旋转分离机外观如图 7-4 所示。

2. 操作说明

936 多功能旋转分离机操作说明如下：

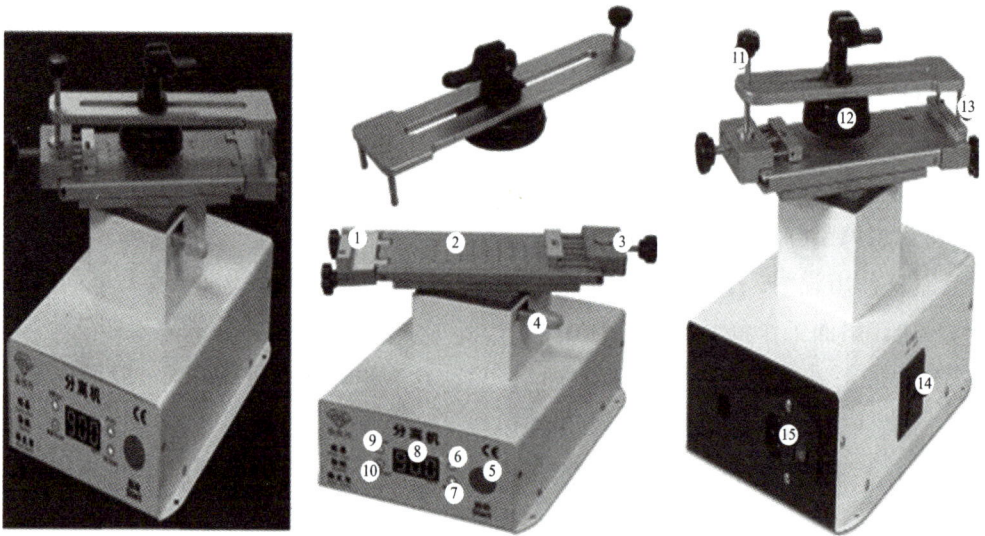

1—折叠式卡扣；2—加热工作台；3—螺杆夹具；4—防烫刹车手柄；5—真空泵启动；6—增加预设温度；
7—减少预设温度；8—温度显示；9—设置键；10—电源键；11—拆框提升旋钮；12—拆框吸盘；
13—拆框支架脚；14—电源输出插座；15—电源开关插座。

图 7-4　936 多功能旋转分离机外观

(1) 先用螺丝将手机固定在工作台上。

(2) 温度调节范围为 0 ~ 120 ℃，出厂设置为 80 ℃；拆框温度建议为 110 ~ 120℃。

(3) 按下启动键，真空泵工作，吸住屏幕，开始分离操作。

(4) 当工作平台旋转时，刹车手柄可在任意角度将其固定。

(5) 折叠式卡扣横向推移折下，提起即可自动复位；使用卡扣时，可除胶、拆框、正向分离屏幕，不用卡扣时，可除胶、反向分离屏幕。

(6) 螺杆夹具可用于固定屏幕，也可随时拆下。

(7) 电源输出插座用于外接小功率设备 (如除胶机、手持切割机等) 供电。

(8) 拆框时，若是爆碎的屏幕，则要用水胶在爆碎盖板上贴上对应型号的白板，并用 UV 灯固化，以免拆框吸盘不能吸住屏幕。

(9) 拆中框时，温度设置为 110 ~ 120℃，中框经工作平台夹具固定，加热 1 ~ 2 分钟，放上拆框架，对好脚位，将吸盘移至拆框提升旋钮的一端，逆时针旋转拆框提升旋钮至与磁铁无接触，吸盘贴住屏幕，扳起把手，吸住屏幕。

(10) 顺时针旋转拆框提升旋钮至屏幕一端明显拉起，即可开始拆中框，拆框时需配合拆机片和酒精等解胶剂进行拆框。

7.5　YD9Max全智能贴合除泡一体机

本节导入

　　在当今日益精密化和自动化的制造行业中，智能手机、平板电脑、显示屏等设备的生产过程中，贴合与除泡技术显得尤为关键。全智能贴合除泡一体机集成先进贴合技术和高效的除泡功能，通过智能化的控制系统，实现了整个贴合除泡过程的自动化和精确化。该设备采用精密的机械设计和先进的传感器技术，能够精确地控制贴合压力、温度和时间等关键参数，确保贴合质量的一致性和稳定性。在除泡方面，全智能贴合除泡一体机设备采用了创新的真空技术和加热系统，通过创造真空环境，设备能够迅速将贴合过程中产生的气泡排出，同时加热系统能够确保贴合材料在最佳的温度下进行贴合，进一步提高贴合质量和效率。

1. 全智能贴合除泡一体机外观

YD9Max 全智能贴合除泡一体机外观如图 7-5 所示。

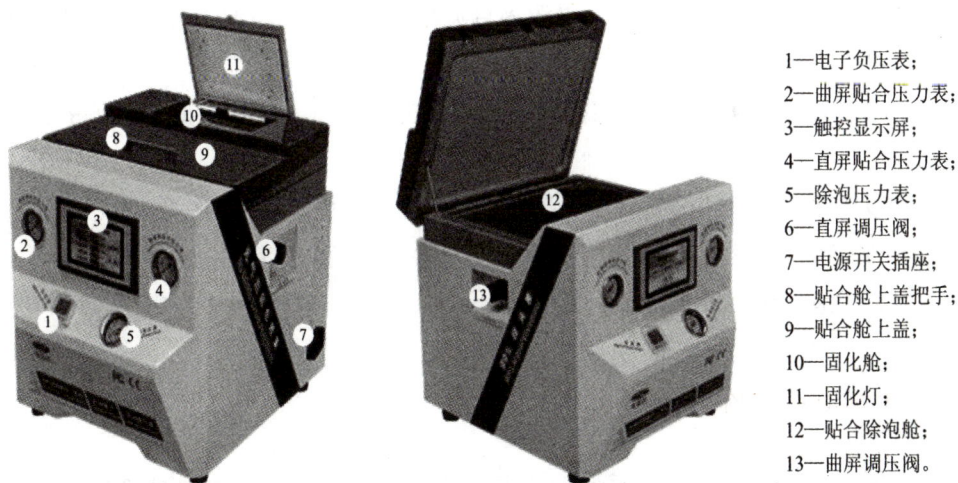

1—电子负压表；
2—曲屏贴合压力表；
3—触控显示屏；
4—直屏贴合压力表；
5—除泡压力表；
6—直屏调压阀；
7—电源开关插座；
8—贴合舱上盖把手；
9—贴合舱上盖；
10—固化舱；
11—固化灯；
12—贴合除泡舱；
13—曲屏调压阀。

图 7-5　YD9Max 全智能贴合除泡一体机外观

2. 操作说明

YD9Max 全智能贴合除泡一体机操作说明如下：

(1) YD9Max 全智能贴合除泡一体机无须外接任何设备和气管，只需一根电源线即可工作。

(2) 该设备采用智能双压力贴合，机身两侧设有对应调压阀，可自由设置贴合模式 (曲面屏 / 直面屏) 的压力。

(3) 使用说明：接通电源，开机，选择语言，选择对应贴合模式，直屏可直接置于贴合舱内贴合，曲屏需使用专用垫子，贴合完成后自动除泡；机器各项参数出厂前已设置，一般无须再次调整，默认除泡温度为 50℃，贴合温度为 40℃，抽真空时间为 20 秒，贴合时间为 20 秒，除泡时间为 500 秒，曲屏贴合压力为 0.4 MPa，直屏贴合压力为 0.2 MPa。

(4) 参数调节：在对应模式的工作界面点击参数设置，输入密码 "9988" 确认，除泡时间、除泡温度、抽真空时间、贴合时间、贴合温度、固化时间等均可自由调整，调整完毕返回即可自动保存；贴合压力可用机身两侧的调压阀进行调整，先拉起旋钮，目光注视对应贴合压力表，先逆时针旋转减小压力，再顺时针旋转增大压力，调整至所需压力值后，按下旋钮即可。

(5) 适用范围：所有曲面屏 / 直面屏手机、平板电脑、智能手表等。

本章小结

(1) 德力西 8589D 手机二合一拆焊台集成了热风枪、电烙铁两种功能于一体，可进行拆焊、焊接等多种操作。

(2) DH 型直流稳压恒流开关电源为直流稳压恒流开关电源输出设备，能提供稳定、可靠的直流电源，且具恒流输出功能。

(3) YD770 曲屏切割机是切割曲面屏幕的专业设备，实现对曲面屏幕的精准切割。

(4) 936 多功能旋转分离机是一款对手机机壳精确旋转和分离操作的设备。

(5) YD9Max 全智能贴合除泡一体机是一款全智能贴合除泡一体机设备，可实现贴合、除泡自动化和精确化。

本章考核评价

本章考核评价表如表 7-1 所示，包括基本素养 (20 分)、理论知识 (30 分)、实践操作 (50 分) 三个部分。

表 7-1　本章考核评价表

序号	评 估 内 容	自评	互评	师评
基本素养 (20 分)				
1	纪律 (无迟到、早退、旷课)(10 分)			
2	课堂表现能力、沟通能力 (10 分)			
理论知识 (30 分)				
1	掌握德力西 8589D 二合一拆焊台的面板结构、工作原理 (6 分)			
2	掌握 DH 型直流稳压恒流开关电源的面板结构、工作原理 (6 分)			
3	掌握 YD770 曲屏切割机的面板结构、工作原理 (6 分)			
4	掌握 936 多功能旋转分离机的面板结构、工作原理 (6 分)			
5	掌握 YD9Max 全智能贴合除泡一体机的面板结构、工作原理 (6 分)			
实践操作 (50 分)				
1	利用德力西 8589D 二合一拆焊台对智能手机元器件进行焊接操作 (10 分)			
2	利用 DH 型直流稳压恒流开关电源对智能手机进行供电操作 (10 分)			
3	利用 YD770 曲屏切割机对智能手机屏幕进行切割操作 (10 分)			
4	利用 936 多功能旋转分离机对智能手机外壳进行拆卸 (10 分)			
5	利用 YD9Max 全智能贴合除泡一体机对智能手机进行屏幕贴合操作 (10 分)			

本章习题

1. 观看德力西 8589D 二合一拆焊台操作视频，并对智能手机元器件进行焊接操作。

2. 观看 **DH** 型直流稳压恒流开关电源操作视频，并对智能手机主板进行供电操作。

3. 观看 **YD770** 曲屏切割机操作视频，并对智能手机屏幕进行切割操作。

4. 观看 **936** 多功能旋转分离机操作视频，并对智能手机外壳进行拆卸操作。

5. 观看 **YD9Max** 全智能贴合除泡一体机操作视频，并对智能手机进行屏幕贴合操作。

参 考 文 献

[1]　侯海亭，黄丽卿. 智能手机维修一本通[M]. 北京：化学工业出版社，2021.

[2]　阳鸿钧，等. 智能手机维修技能速培教程[M]. 北京：机械工业出版社，2017.

[3]　张兴伟，等. 手机射频电路快速检修[M]. 北京：人民邮电出版社，2005.

[4]　侯海亭，郭天赐，李南极. 智能手机维修从入门到精通[M]. 北京：清华大学出版社，2014.

[5]　张军，等. 智能手机软硬件维修从入门到精通[M]. 北京：机械工业出版社，2015.

[6]　韩雪涛. 智能手机维修从入门到精通[M]. 北京：化学工业出版社，2019.

[7]　刘成刚，王冉. 手机维修技能培训教程[M]. 2版. 北京：机械工业出版社，2015.

[8]　韩俊玲，刘成刚. 移动通信终端设备检测与维修[M]. 北京：化学工业出版社，2019.

[9]　石敦华，蔡小兵，杨秀军. 手机维修[M]. 北京：北京理工大学出版社，2019.

[10]　侯海亭，等. 最新手机维修技术手册[M]. 北京：清华大学出版社，2022.